时装画

Photoshop

表现技法

高瑞　编著

辽宁科学技术出版社

·沈阳·

目 录

前 言

时代的变革、数码技术的日趋成熟，使得电脑绘图技术得以快速发展与普及。电脑绘图技术为设计艺术领域注入新的"灵魂"，它被广泛应用于平面设计、建筑设计、广告设计、服装设计等领域，本书主要介绍电脑时装画绘图技法。

作为一名服装设计专业学生或服装设计工作者，服装效果图是设计师表达设计思维的重要手段。它就像一个"导体"，一端连接我们的大脑，另一端则是大脑设计思维的视觉呈现——落在纸面的效果图。也就是说，只有这个"导体"足够灵敏，才能将设计思维准确地表现出来。

绘制效果图通常分为两种表现形式，第一种是传统的手绘表现，即使用水彩、水粉、丙烯、铅笔等绘画材料进行创作的表现形式。第二种为电脑绘图表现，即使用电脑搭配数位板或数位屏进行创作的表现形式。

那么两者之间又是怎样的关系呢？该如何选择适合自己的创作形式呢？其实从本质上来讲两者都是一样的，但有其各自的特点。手绘表现操作简单但不易修改，电脑绘图表现由于其使用工具的特点，需要使用者对电脑、软件以及数位板具有较好的控制能力。但电脑绘图表现的优点是可以大大提高画图效率，尤其是方便修改并且可以同时做出多种设计方案。无论选择哪一种表现形式，绘画基础是重中之重，如果手绘基础不扎实，那么使用电脑绘图表现的话效果也不会很理想。

全书共分为7章。第1章讲解电脑时装画与Photoshop的基本概念与操作；第2章讲解五官与面部比例关系和不同性别、角度的五官表现技法；第3章讲解女性人体模板和男性人体模板的建立与服装设计；第4章讲解服装图案的制作方法、常见的10种面料制作方法以及对扫描面料的应用与调整；第5章讲解配饰的表现技法，包括金属、皮革等不同材质的皮包、鞋子以及饰品的表现技法；第6章讲解Photoshop时装画的实战应用，会介绍不同面料材质的男装、女装的表现技法，主要包括网纱、印花、蕾丝、呢料、条纹、针织、牛仔、亮片、刺绣、绗缝、皮草等服装材质的表现技法；第7章是多种不同艺术风格的电脑时装画作品赏析。

本书的结构从基础到入门再到进阶，难度层层递进。适合服装设计专业学生、服装设计工作者和时装插画爱好者阅读学习。大家应当认真阅读并结合实际操作进行练习，不必局限于绘制本书中的案例，也可以寻找相似的案例，进行大量练习并持之以恒，必能有所提高。本书将案例教程中的图案、面料、肌理、线稿等素材予以整理，可通过扫描附录中的二维码进行下载，方便读者练习使用。

电脑时装画与
Photoshop

1.1

电脑绘图的历史

随着时代的变迁以及科学技术的发展，数码技术越来越成熟，电脑绘图也随之普遍化。电脑绘图是建立在扎实的绘画基础上，使用数位板等数码设备进行的绘画创作（图1.1.1）。

早在1968年，首届计算机美术作品巡回展览自伦敦开始，走遍欧洲各国，最后闭幕于纽约，从此宣告了计算机美术成为一门富有特色的应用科学和艺术表现形式，开创了设计艺术领域的新天地。电脑绘图作为计算机艺术的一种新的表现形式，扩展了艺术绘画创作领域，同时也为设计领域注入了新的活力。它在当今的设计行业中十分常见，从服装设计、平面设计到室内设计、建筑设计，都能看到电脑绘图的身影。

电脑绘图之所以受到广大设计师的欢迎，正是因为它能够适应当代设计发展的需求，方便后期修改，还可以快速制作出不同的设计方案。当然手绘也很重要，电脑绘图和手绘只是作画工具不同，仅此而已。

图1.1.1

1.2

Photoshop的基本介绍

1.2.1 Photoshop的界面介绍

Photoshop是一款非常强大的图像处理软件，功能完善、多样，可以在服装设计效果图中实现对不同材质的表现。如图1.2.1所示，其操作界面主要包含以下内容。

工具栏：包括多种图像编辑的工具。
菜单栏：包括软件的主要程序菜单。
属性栏：显示对应工具的属性值。

文档窗口：显示所创建的文件。
调整面板：可对图像进行多种调整编辑。
图层面板：可容纳多个图层或图层组，便于图层管理。

图1.2.1

:1.2.2 Photoshop的文件创建

打开Photoshop时,通常会出现如图1.2.2左侧所示的新建选项,双击后便出现新建文档窗口。可以根据使用者的需要,选择打印选项里的不同纸张规格,并根据实际情况对文件名称、宽度、高度以及分辨率等数值进行更改。

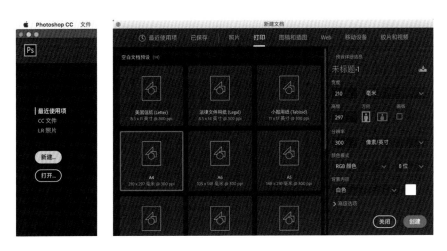

图1.2.2

1.2.3 Photoshop的保存格式

Photoshop的文件格式种类较多，不同格式的特点有所不同，可根据设计需求选择适合自己的文件保存格式。如图1.2.3所示。

时装画中常用的格式主要为以下两种：

（1）Photoshop格式：所保存图像的图层仍然是独立存在的，方便后期修改。

（2）JPEG格式：所保存图像的所有图层自动合并，后期很难进行修改。

图1.2.3

1.2.4 位图和矢量图的区别

（1）位图：亦称像素图，是由像素单位组成，这些像素点能以不同的色彩样式共同构成一幅精美的图像作品。当其放大到一定程度时，便会出现所谓的"马赛克"，也就是常说的像素点。所以如果需要更高清的图像文件，可以适当增加像素值的设置。

代表软件：Photoshop，SAI。

（2）矢量图：亦称向量图，与位图不同的是无论文件放到多大，都能够非常清楚地显示，不会存在所谓的"马赛克"问题。因此对于图像质量要求极高的作品，可以使用矢量软件进行设计创作，如服装图案印花设计等。

代表软件：Illustrator，CorelDRAW。

CHAPTER

2

第 2 章

五官与发型
绘制解析

2.1

面部基本结构与比例

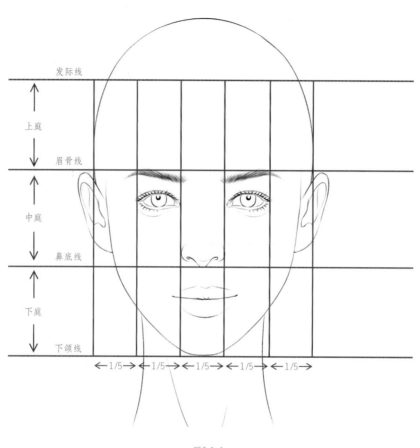

发际线

上庭

眉骨线

中庭

鼻底线

下庭

下颌线

← 1/5 → ← 1/5 → ← 1/5 → ← 1/5 → ← 1/5 →

图2.1.1

绘制时装画时，对头部的刻画必不可少。头部表现的好坏直接影响时装画的整体效果，所以对头部基本比例的掌握显得尤为重要。

面部的比例划分通常遵循"三庭五眼"规则，如图2.1.1所示。三庭：把面部从上至下平分成3份，即发际线到眉骨线的距离为上庭，眉骨线到鼻底线的距离为中庭，鼻底线到下颌线的距离为下庭。五眼：以一只眼睛的宽度为参考标准，将面部从左至右分成5份，每份占面部总宽度的1/5。

注：通常面部遵循上述规则，但不同人种模特的比例略有差异，可根据实际情况进行适当调整。

2.2

不同性别/角度的五官表现

面部的表现在时装画中是十分重要的部分，由于性别和角度的不同，其绘制的特点以及表现技法也有所不同。本节将从男女性别以及3种不同角度，侧面、正面、3/4侧面来进行详细讲解，并介绍在绘制头像时两种常用的上色技法，即留白法与铺色法。

2.2.1 女性侧面的表现技法（留白法）

1. 勾勒草稿：根据模特的动态、比例、透视以及发型特征，使用轻松而灵动的线条进行轮廓绘制。这一步只需画出大致的比例结构即可。
画笔工具：KYLE终极硬心铅笔或硬边圆压力大小。

2. 细化线稿：在第一步草稿的基础上新建图层，降低草稿图层的不透明度，并在新的图层上进行更进一步刻画。使用虚实变化的线条把五官的结构表现出来，同时切记卷发造型线条不可画得过多，主要进行归纳分组绘制即可。
画笔工具：KYLE终极硬心铅笔画头发，硬边圆压力大小画面部。

画笔工具

KYLE终极硬心铅笔　　　硬边圆压力大小

3.铺肤色：新建肤色图层，在遵循光影关系的前提下，大胆地给皮肤大面积上色。笔刷大小要时刻进行调整。此步骤不用担心笔触画出皮肤以外，后期可使用橡皮擦工具进行擦除。

画笔工具：柔边圆压力不透明度。

4.皮肤暗部初步刻画：新建皮肤暗部图层，根据面部肌肉结构及光影关系刻画暗部皮肤。从这一步开始需要更换边缘硬一点儿的笔刷进行绘制，使用该笔刷时要注意适当降低笔刷的不透明度或流量以及硬度参数。

画笔工具：硬边圆压力不透明度。

5.皮肤暗部深入刻画：在前一步的基础上深入刻画。观察周围环境对肤色的细微影响，加入环境色会使画面色彩丰富而生动。注意适当降低笔刷的不透明度或流量以及硬度参数。

画笔工具：硬边圆压力不透明度。

注：环境色是指在如日光、月光、灯光等各类光源的照射下，环境在物体上所呈现的颜色。环境色的存在和变化，能够微妙地表现出物体的质感，丰富画面中的色彩。

画笔工具

柔边圆压力不透明度

橡皮擦工具

硬边圆压力不透明度

多边形套索工具

硬边圆压力大小

6. 五官上色：新建五官图层，对五官以及眼妆进行铺
色。嘴唇部分铺出大概的明暗关系，瞳孔以及眼妆部分
可使用多边形套索工具形成闭合区域，再用填充前景色
的快捷键(Alt+Delete)进行填色。这一步同样需要考虑
环境色的影响，丰富画面色彩。注意适当降低笔刷的参
数设置。
画笔工具：硬边圆压力不透明度。

13

7. 深入刻画五官：进一步深入刻画五官的细节，同样
可以酌情考虑新建五官深入的图层。此步骤尤为重要，
决定最终的画面效果。眉毛和睫毛部分要顺着毛发生长
的方向用笔，使用画笔工具硬边圆压力大小画细节，注
意虚实变化。画眼球的晶体质感时，要掌握好不同层
次"灰"的使用与过渡。眼妆部分色彩变化丰富，可擦
除部分线稿使画面更加自然。
画笔工具：硬边圆压力不透明度，硬边圆压力大小。

眼部细节

*8.*画高光：最后新建一个高光图层，将其置于最上层。高光并不是纯白色，需要有冷暖的倾向与层次的变化，冷暖倾向常常受到环境色影响，注意不同质感的高光层次表现。最后缩小画布观察整体画面进行调整，完成面部的绘制。

画笔工具：硬边圆压力不透明度，硬边圆压力大小。

注：面部的刻画难度较大，尤其考验耐心。绘制过程中一直在强调降低笔刷硬度，图2.2.1为3种不同硬度数值所绘制出的笔触效果，其实就是为了让笔触过渡自然，皮肤质感更加细腻而不油腻。

图2.2.1

画笔工具

KYLE终极硬心铅笔　　　硬边圆压力大小

硬边圆压力不透明度　　多边形套索工具

2.2.2 女性正面的表现技法（铺色法）

1.勾勒草稿：参考模特的动态、比例、透视以及发型特征，使用简练的线条勾勒出模特的轮廓。

画笔工具：KYLE终极硬心铅笔或硬边圆压力大小。

2.细化线稿：在草稿的基础上新建图层，降低草稿图层的不透明度。在新的图层上进一步刻画，用虚实变化的线条把五官的结构表现出来。切记卷发造型线条不可画得过多，进行归纳分组绘制即可。

画笔工具：KYLE终极硬心铅笔画头发，硬边圆压力大小画面部。

3.铺肤色：与留白法有所不同，此步骤使用多边形套索工具。新建肤色图层，把面部用多边形套索工具形成闭合区域，选择好肤色以后，使用填充前景色的快捷键(Alt+Delete)进行填色。

4.皮肤暗部刻画：新建皮肤暗部图层，根据面部肌肉结构以及光影关系，绘制皮肤的暗部。从这里开始，需要使用边缘硬一点儿的笔刷进行绘制。上色时注意适当降低笔刷的不透明度或流量以及硬度参数，让笔触可以自然过渡。

画笔工具：硬边圆压力不透明度。

5.深入刻画五官：新建图层为五官铺色，在嘴唇部分
画出大概的明暗关系，瞳孔部分可使用多边形套索工具
形成闭合区域，使用填充前景色的快捷键(Alt+Delete)
进行填色。这里需要观察并加入环境色，丰富画面色彩
从而增强画面的质感。注意适当降低笔刷的参数设置。
画笔工具：硬边圆压力不透明度。

面部细节

6.饰品上色：饰品部分可使用多边形套索工具，形成
闭合区域后在新建的饰品图层上填色，使用快捷键
(Alt+Delete)进行填充。由于饰品外轮廓较为复杂，需
要耐心仔细完成。

7.滤镜效果：选择饰品图层，点击菜单栏的滤镜-杂色-添加杂色，设置数量为26%，点击确定。再次执行菜单栏的滤镜-像素化-晶格化，设置参数为10，点击确定。这样就可以快速地表现出颗粒感，为后期深入刻画提供好的基础。

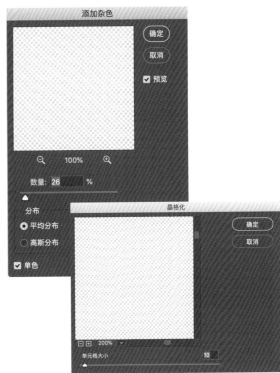

8.画高光：新建一个高光图层并把它置于最上层，观察色彩的冷暖倾向与层次变化，不要将高光画成纯白色，注意不同质感的高光层次表现。缩小画布进行画面整体观察，进一步调整完成面部的绘制。

画笔工具：硬边圆压力不透明度，硬边圆压力大小。

画笔工具

硬边圆压力不透明度　　　　　硬边圆压力大小

多边形套索工具

2.2.3 男性3/4侧面的表现技法（铺色法）

1. 勾勒草稿：根据模特的动态、比例、透视以及发型特征，使用轻松而灵动的线条进行轮廓绘制。这一步只需画出大致的块面结构即可。

画笔工具：KYLE终极硬心铅笔或硬边圆压力大小。

2. 细化线稿：新建线稿图层，降低第一步草稿图层的不透明度，在新图层上进一步刻画。使用虚实变化的线条把五官的结构表现出来，同时切记卷发造型线条不可画得过多，主要进行归纳分组绘制。

画笔工具：KYLE终极硬心铅笔画头发，硬边圆压力大小画面部。

3. 铺肤色：此步骤与之前的留白法有所不同，在面部区域使用多边形套索工具形成闭合选区，新建肤色图层，选择好肤色以后，使用填充前景色的快捷键(Alt+Delete)进行填色。

画笔工具

硬边圆压力不透明度   KYLE终极硬心铅笔

硬边圆压力大小   多边形套索工具

4.皮肤暗部初步刻画: 根据面部肌肉结构、光影关系进行皮肤暗部刻画。从这一步开始需要换边缘硬一点儿的笔刷进行绘制。使用该笔刷要注意适当降低笔刷的不透明度或流量以及硬度参数。

画笔工具: 硬边圆压力不透明度。

5.皮肤暗部深入刻画: 在前一步的基础上深入刻画,需要为暗部加入环境色,适当降低笔刷的参数设置。

画笔工具: 硬边圆压力不透明度。

6.五官上色: 新建五官图层并为五官上色。嘴唇部分铺出大概的明暗关系,瞳孔部分可使用多边形套索工具形成闭合区域,使用填充前景色的快捷键(Alt+Delete)进行填色。观察五官暗部的环境色并加入其中,让画面更生动立体。适当降低笔刷的参数设置。

画笔工具: 硬边圆压力不透明度。

7. 深入刻画五官：进一步深入刻画五官的细节，眉毛和睫毛部分要顺着毛发生长的方向用笔，可使用硬边圆压力大小画细节，注意线条的虚实变化。眼球的晶体质感可以通过不同层次"灰"的使用与过渡来表现，色彩变化较为丰富。可擦除部分线稿使画面更加自然。

画笔工具：硬边圆压力不透明度，硬边圆压力大小。

8. 绘制高光：最后新建一个高光图层并把它置于最上层，高光并不是纯白色，需要冷暖的倾向与层次的变化，冷暖倾向常常受到环境色影响，注意不同质感的高光层次表现。最后缩小画布观察整体画面进行调整，完成面部的绘制。

画笔工具：硬边圆压力不透明度，硬边圆压力大小。

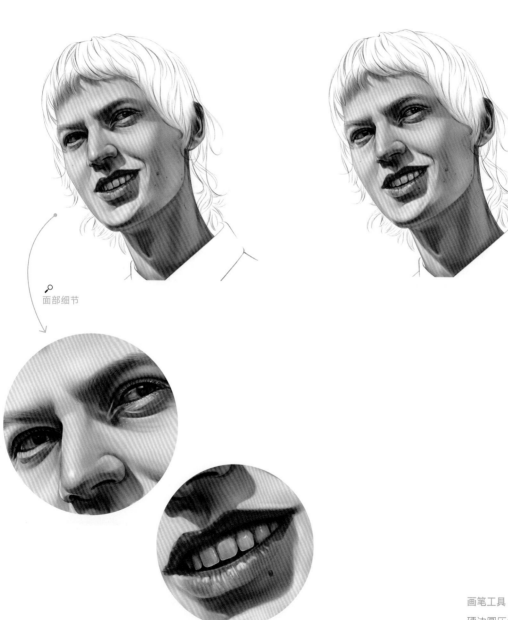

面部细节

画笔工具

硬边圆压力不透明度

硬边圆压力大小

2.3

不同发型的绘制表现

很多人认为发型的表现是时装画头像中较难的部分，由于发型的颜色、长短、造型等不同，其绘制的特点以及表现技法也有所不同，本节利用3组发型从不同颜色、不同造型以及不同性别的角度进行详细解析、绘制。

2.3.1 棕色波浪卷的表现技法

1. 铺大色：使用大笔刷为头发大面积上色，注意整体的大明暗关系。将头发概括地进行分组绘制，忽略细节。由于是棕色头发，颜色可以画得略浅一些。随时调整画笔的硬度、大小、不透明度和流量。
画笔工具：硬边圆压力不透明度。

2. 细化分组：这一步需要将看起来极其复杂的头发进行详细分组刻画，明确每组头发的穿插关系、遮挡关系。抓住主要的部分，适当加一些发丝细节来提升发型的蓬松感。
画笔工具：硬边圆压力不透明度。

🔍 局部细节

区块1：右侧上部头发作为一个组块，发辫覆盖在卷发之上，用线偏实，用色偏重。

区块2：右侧下部头发作为一个组块，绘制出大致的明暗、发丝的弯曲走向。

区块3：左侧头发作为一个组块，按照同样的画法画出头发的明暗变化和蓬松质感。

3. 加深暗部：在之前的基础上将最深的部分再次加深，更加细致地刻画每一组头发的走向和细节，使发型更具层次感。夸张刻画发型的外轮廓，将飘逸而蓬松的发丝表现出来。

画笔工具：硬边圆压力不透明度。

22

4. 绘制亮部：注意头发的亮部也是具有层次的，但是也不需要太亮，否则会给人一种不自然的感觉。同时要有一定的色彩倾向、冷暖变化。使用硬边圆压力大小画笔刻画一些灵动的发丝，使发型的效果更具层次感。

画笔工具：硬边圆压力不透明度，硬边圆压力大小。

注：发型的绘制一直是学生们的痛点所在，其实关于发型的绘制只要注意分组处理和归纳整理即可，没必要把全部发丝一根不差地画出来，注重整体大关系与细节的变化，勤加练习。

画笔工具

硬边圆压力不透明度

硬边圆压力大小

2.3.2 黑色蛋卷的表现技法

1.铺大色：使用大笔刷概括性地为头发大面积上色，注意整体的大明暗关系。将头发进行概括分组绘制，忽略细节。由于是黑色头发，颜色可以画得略深一些。时刻调整画笔工具的硬度、大小、不透明度和流量。
画笔工具：硬边圆压力不透明度。

2.细化分组：在这一步需要对头发进行分组刻画，虽然看起来复杂，但是只要明确每组头发的穿插关系、遮挡关系就会容易很多。抓住主要的部分，适当加一些发丝细节来提升发型的蓬松感。
画笔工具：硬边圆压力不透明度。

3.加深暗部：在之前的基础上将最深的部分再次加深，更加细致地刻画每一组头发的走向和细节，使发型的效果具有层次感。夸张刻画发型的外轮廓，表现出发丝的动态感。
画笔工具：硬边圆压力不透明度。

4.绘制亮部：黑色头发的亮部不需要太亮，否则会给人一种出油的感觉，但是要有一定的色彩倾向、冷暖变化。使用硬边圆压力大小画笔工具刻画一些灵动的发丝，使发型效果更具有层次感。
画笔工具：硬边圆压力不透明度，硬边圆压力大小。

2.3.3 男性短发的表现技法

1. 铺大色：使用大笔刷给头发上色，注意整体的大明暗关系。将头发概括地进行分组绘制，忽略细节。由于是浅棕色头发，颜色可以画得略浅一些。随时调整画笔工具的硬度、大小、不透明度和流量。

画笔工具：硬边圆压力不透明度。

2. 细化分组：对头发进行分组刻画，明确每组头发的穿插关系、遮挡关系。抓住主要的部分，适当加一些发丝细节来提升发型的蓬松感。

画笔工具：硬边圆压力不透明度。

3. 加深暗部：将头发颜色最深的部分再次加深，更加细致地刻画每一组头发的走向和细节，呈现发型的层次感。夸张刻画发型的外轮廓，将蓬松的发丝表现出来。

画笔工具：硬边圆压力不透明度。

4. 绘制亮部：这幅头像画面的光线较强，但并不需要大面积提亮，否则会给人一种不自然的感觉。头发的亮部也是具有层次的，只需在个别的亮部进行提亮即可，不要忽视环境色彩倾向和冷暖变化。再用硬边圆压力大小画笔工具刻画一些灵动的发丝，增强层次感。

画笔工具：硬边圆压力不透明度，硬边圆压力大小。

人体模板
与服装设计

3.1

人体模板的建立

绘制时装画时，最重要的就是人体，人体比例是否准确是一幅作品成功与否的关键。如果人体画得不对，其他部分即使刻画得再细致也于事无补。在时装画中，为了更好地表现服装效果通常会将人体进行美化，以9头身模特为标准。当然时装画艺术包容性较强，有的设计师也会画10头身比例甚至更夸张化。本书主要介绍常用的9头身比例人体的绘制，标准的人体模板绘制好以后可在设计中反复使用，在模板的基础上给模特穿衣服即可。

3.1.1 女性人体模板的建立

1. 确定比例：使用画笔工具绘制9等分的水平线，按住Shift键即可画出水平的直线，同时注意画面的构图，通常脚部下面的距离会大于头部上面的距离。
画笔工具：硬边圆压力大小。

26

1头

2头

3头

4头

5头

6头

7头

8头

9头

2. 绘制重心线：重心线是垂直于地面的一条线，不受身体摆动影响。重心线通常经过锁骨窝处垂直于地面，按住Shift键即可画出垂直的直线。

画笔工具：硬边圆压力大小。

→ 重心线

1头

2头

3头

4头

5头

6头

7头

8头

9头

画笔工具

硬边圆压力大小

3. 搭建人体框架：这一步需要对人体结构进行归纳概括与整理，为了将复杂的人体结构更直观地表现出来，可以将其概括成简单的几何形体。使用钢笔工具，在属性栏选择形状，调整好绘制像素与颜色，配合使用椭圆工具绘制出人体框架。需要注意的是人体在摆动的过程中，中心线会发生弯曲，两腿中靠近重心线的一条为承重腿。

4. 透视检查：把上半身和下半身分别概括成简单的梯形，上下两个梯形摆动的方向是相反的。使用钢笔工具绘制出透视线，通过上图的透视线可以清楚地观察到，两个梯形的透视线最终在不远处相交，同时胸线会随着梯形的摆动而发生倾斜。

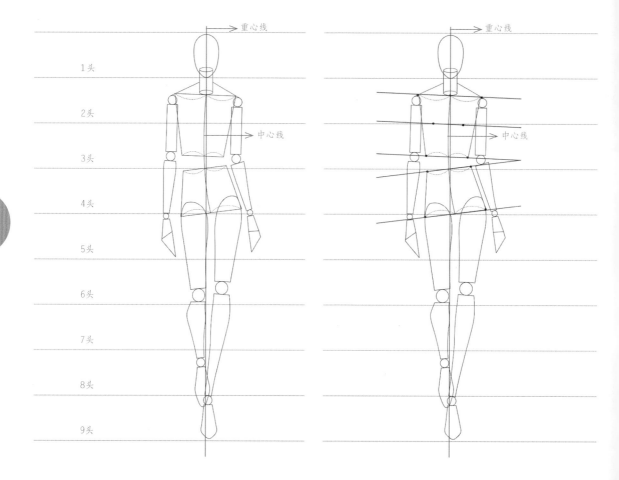

5. 绘制人体模板：人体框架搭建完毕之后，降低框架图层的不透明度并新建图层，使用画笔工具绘制精确的人体线稿，将简单的几何形体绘制成最终的人体模板。
画笔工具：KYLE终极硬心铅笔画头发，硬边圆压力大小画面部。

6. 调整人体模板：隐藏人体框架图层，只显示人体线稿。检查人体是否有问题，及时发现调整。将做好的模板应用到设计中，在人体模板上着装即可。

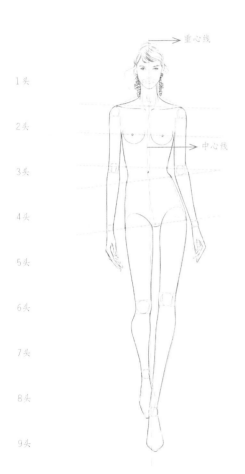

29

画笔工具

KYLE终极硬心铅笔　　硬边圆压力大小　　椭圆工具　　钢笔工具

3.1.2 男性人体模板的建立

1. 确定比例：使用画笔工具绘制9等分的水平线，按住Shift键即可画出水平的直线。注意画面的构图，通常脚部下面的距离会大于头部上面的距离。

画笔工具：硬边圆压力大小。

2. 绘制重心线：重心线是垂直于地面的一条线，不受身体摆动影响。重心线经过锁骨窝处垂直于地面，按住Shift键即可画出垂直的直线。

画笔工具：硬边圆压力大小。

30

1头
2头
3头
4头
5头
6头
7头
8头
9头

→ 重心线

画笔工具

硬边圆压力大小   钢笔工具   椭圆工具

3. 搭建人体框架：注意对人体结构的归纳概括与整理，与女性人体不同的是男性身材较为宽大，腰身平缓。但人体的运动规律都是相同的，可将其概括成简单的几何形体进行表现。使用钢笔工具，在属性栏选择形状，调整好绘制像素与颜色，配合使用椭圆工具绘制出人体框架。注意人体在摆动时中心线会发生弯曲，双腿中靠近重心线的一条为承重腿。

4. 透视检查：把上半身和下半身分别概括成简单的梯形，上下两个梯形摆动的方向是相反的，使用钢笔工具绘制出透视线。通过上图的透视线可以看到，两个梯形的透视线在不远处相交，同时胸线会随着梯形的摆动而发生倾斜。

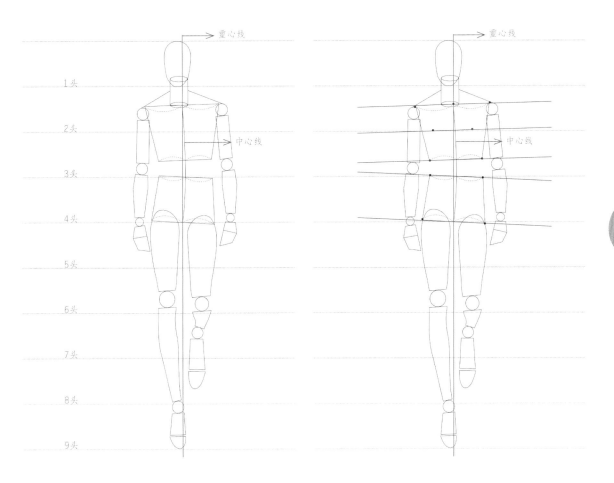

5. 绘制人体模板：人体框架搭建完毕之后，降低框架图层的不透明度并新建图层，使用画笔工具，将简单的几何形体绘制成最终的人体线稿。

画笔工具：KYLE终极硬心铅笔画头发，硬边圆压力大小画面部。

6. 调整人体模板：隐藏人体框架图层，检查人体是否有问题，及时发现调整，画好的人体模板就可以应用到设计中了。

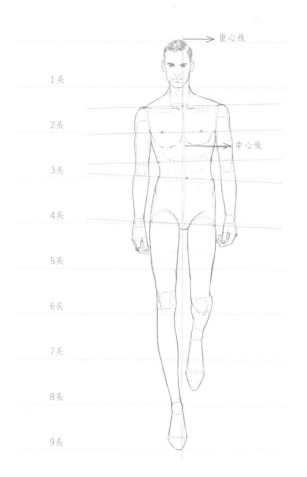

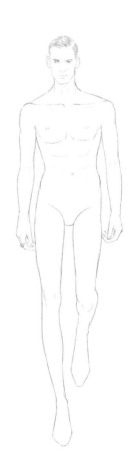

画笔工具

KYLE终极硬心铅笔

硬边圆压力大小

硬边圆压力不透明度

注：人体模板的建立十分重要，模板的准确与否直接影响着装效果。一定要将人体进行简化理解，用简单的几何形体来表现人体的比例与动态。

3.2

人体模板的应用

在服装设计工作中，人体绘制是基础工作。通常会确定一个精准的人体模板，设计师或者插画师只需在人体模板上绘制服装即可。这样既可以节省大量的时间，又能提高工作效率。但要注意掌握好服装的廓形，服装与人体的关系，注意松量的把控。常用的人体模板动态有走姿、站姿等，设计师可自行选择。

3.2.1 人体模板与女装设计

1. 绘制服装线稿：在人体模板上新建图层，绘制服装线稿。此步骤应掌握好服装的廓形、松量以及服装的特征，准确把控服装与人体的关系，为了艺术表现可以做适当夸张。

画笔工具：KYLE终极硬心铅笔或硬边圆压力大小皆可。

2. 人体上色：擦掉多余的人体线稿，根据之前讲的五官与发型绘制技法完成人体部分与金属的上色。注意对女性模特的刻画，笔触过渡自然一些才会显得柔和。

画笔工具：硬边圆压力不透明度，硬边圆压力大小。

3.打底衫铺色：使用多边形套索工具形成闭合区域，使用填充前景色的快捷键(Alt+Delete)进行填色。需要注意的是，最好为每一件衣服单独新建图层，便于后期修改。

4.打底衫的闪亮质感：要体现案例中打底衫闪亮的面料特点，需要先将打底衫图层进行复制，并为新复制的图层填充白色，图层模式更改为溶解，不透明度调整为6%即可。此图层也可不创建剪贴蒙版。

画笔工具

硬边圆压力不透明度

多边形套索工具

5.刻画打底衫暗部：新建打底衫暗部图层，使用画笔工具绘制其暗部，注意笔触与层次的变化。图层的混合模式调整为正片叠底（所有暗部图层的混合模式均为正片叠底）。
画笔工具：硬边圆压力不透明度。

6.打底衫亮部：新建打底衫亮部图层，使用画笔工具绘制其亮部，注意笔触与层次的变化，图层的混合模式为正常（所有亮部图层的混合模式均为正常）。
画笔工具：硬边圆压力不透明度。

7.连身裤铺色：使用多边形套索工具形成闭合区域，新建连身裤图层，使用填充前景色的快捷键(Alt+Delete)进行填色。

5

6

7

8.定义与填充图案：打开一张四方连续图案，执行编辑-定义图案，并为图案命名。新建图案填充图层，使用矩形选框工具，选定一个可以覆盖裤子部分的区域，使用油漆桶工具，在属性栏选择图案，填充选择刚才所定义的图案即可。此时需要选择图层-单击右键-创建剪贴蒙版，面料即可填充进来。

注：填充面料的图层与需要填色区域的图层相邻，才可以成功创建剪贴蒙版。

*9.*连身裤暗部：新建连身裤暗部图层，使用画笔工具绘制裤子的暗部，注意笔触与层次的变化，图层的混合模式为正片叠底。

画笔工具：硬边圆压力不透明度。

*10.*连身裤亮部：新建连身裤亮部图层，使用画笔工具绘制连身裤的亮部，图层的混合模式为正常。

画笔工具：硬边圆压力不透明度。

画笔工具

硬边圆压力不透明度   矩形选框工具   油漆桶工具

11.绘制围巾肌理：围巾部分属于常见的针织面料，可以使用制作画笔的方法来完成。此方法与116页针织毛衣款式的表现技法相同。

12.绘制围巾明暗：使用画笔工具绘制围巾的暗部与亮部，体现围巾的立体感。仍然需要建立两个图层，分别是暗部图层，图层模式正片叠底；亮部图层，图层模式正常。
画笔工具：硬边圆压力不透明度。

画笔工具

硬边圆压力不透明度　　硬边圆压力大小

13. 绘制鞋子和皮包：同样遵循上述步骤先进行铺色，再分别建立暗部图层与亮部图层来营造立体感。鞋子部分也可以加一些和打底衫一样的闪亮效果，使画面更加协调，金属部分可以加一些光芒笔刷进行点缀。

画笔工具：硬边圆压力不透明度，硬边圆压力大小。

14. 绘制背景：背景起到烘托氛围、增加画面效果的作用，画或者不画，画什么样的背景，可以根据画面内容、色彩和插画师本人的创作构思以及艺术审美来决定。案例中的背景是由水彩笔刷绘制而成。

3.2.2 人体模板与男装设计

1. 绘制服装线稿：在人体模板的基础之上绘制服装线稿，控制好服装的廓形、松量以及服装的特征，准确把控服装与人体的关系，为了艺术表现可以适当夸张。

画笔工具：KYLE终极硬心铅笔或硬边圆压力大小。

2. 人体上色：擦掉多余的人体线稿，根据之前讲的五官与发型绘制技法完成人体部分的上色。男性模特的刻画需要有轮廓感、力量感，笔触可以硬朗一些。腿部的肌肉感略强，注意膝盖等处骨骼的强调。

画笔工具：硬边圆压力不透明度，硬边圆压力大小。

画笔工具

KYLE终极硬心铅笔　　　硬边圆压力大小

硬边圆压力不透明度　　　多边形套索工具

*3.*衬衫铺色：使用多边形套索工具形成闭合选区，新建衬衫图层，使用填充前景色的快捷键(Alt+Delete)进行填色。

*4.*衬衫明暗：使用画笔工具绘制衬衫的明暗关系，通常暗部和亮部都要分别建图层，但本案例中的衬衫面积较小，这种情况下可把暗部和亮部画在一个图层。不管怎样，方便图层管理，逻辑清晰即可。

画笔工具：硬边圆压力不透明度。

*5.*领带上色：和画衬衫的方法相同，遵循先铺色再画明暗的原则。注意黑色领带的高光不要太强。

画笔工具：硬边圆压力不透明度。

3

41

4

5

6. 服装铺色：使用多边形套索工具形成闭合选区，新建服装图层，使用填充前景色的快捷键（Alt+Delete）进行填色。在此基础之上执行滤镜-杂色-添加杂色，使颜色不再单调的同时还能增加一些质感。参数设置可以参考下图，也可以根据自己想要的效果灵活调整。

画笔工具

硬边圆压力不透明度　　　多边形套索工具

7. 服装暗部：新建服装暗部图层，图层的混合模式为正片叠底。该模式的特点是可以透出下方图层的肌理，且不会被上层的笔触所覆盖。因为案例中服装部分都是黑色，所以可将服装部分放在一个图层统一上色，当然也可以分图层进行铺色。使用画笔工具绘制服装暗部。
画笔工具：硬边圆压力不透明度。

8. 短裤亮部：新建短裤亮部图层，图层混合模式为正常模式。使用画笔工具绘制短裤亮部即可，注意短裤的高光不需要太强。
画笔工具：硬边圆压力不透明度。

9.皮革亮部：新建皮革亮部图层，图层混合模式为正常。使用画笔工具绘制皮革亮部，需要注意的是皮革的高光略强于短裤的高光，要充分表现皮革的面料质感。
画笔工具：硬边圆压力不透明度。

10.腰带上色：新建腰带图层，主要绘制腰带的亮部，让腰带提亮突出。再将金属孔绘制出来，对整件皮衣来说，金属部分的高光最强。
画笔工具：硬边圆压力不透明度。

画笔工具

硬边圆压力不透明度　　钢笔工具

*11.*绘制明线：使用钢笔工具，上方的属性栏选择形状，如图设置好参数，绘制服装上的明线。最后注意要点击图层-右键-栅格化图层，使其变为普通图层，便于后期调整。

*12.*绘制皮包：皮包的绘制方法、顺序和皮衣完全相同，需要特别注意的是对高光与反光的把控，加入环境色，让色彩更为丰富。花朵作为装饰点缀，颜色要干净，也要注意色彩的变化。

画笔工具：硬边圆压力不透明度。

*13.*绘制鞋子：鞋子也是皮革材质，绘画方法与皮衣相同。但其光泽感强于皮衣，在刻画高光时要强烈一些，鞋面反光的部分也要注意颜色的冷暖变化。

画笔工具：硬边圆压力不透明度。

*14.*绘制背景：背景可画可不画，插画师可以根据自己的审美进行创作，这里用水彩笔刷画上了淡淡的粉色背景。

注：处理好人体与服装的关系十分重要，衣服要穿在人体上，就要求准确把握人体模板与着装关系，以及服装的廓形、比例、细节都要准确。

画笔工具

硬边圆压力不透明度

使用Photoshop
制作图案与面料

服装图案制作表现技法

服装效果图的绘制中少不了图案的设计与应用，图案通常包括自定义图案、二方连续图案以及四方连续图案。每种图案的特点有所不同，但其原理是相同的。本节通过不同方法对以上图案进行讲解，在之后的案例中也会涉及图案的应用。

4.1.1 自定义图案的制作

1. 新建文件：新建一个3厘米×3厘米，分辨率为72像素/厘米的文件。新建图层，使用矩形选框工具绘制一个矩形并填充颜色。

2. 绘制图案：新建图层，使用矩形选框工具再绘制一个矩形并填充颜色，然后使用自由变换的快捷键(Ctrl+T)将其旋转45度。

3. 装饰图案：新建图层，使用椭圆选框工具绘制一个正圆（按住Shift键即可画出正圆，否则为椭圆）。为其填充颜色，把圆形放在图案的中间位置即可。

4. 隐藏背景层：关掉背景图层前面的小眼睛图标即可隐藏背景，图案显示为无背景的灰底。执行此操作是为了避免将白色背景层定义到新图案里。

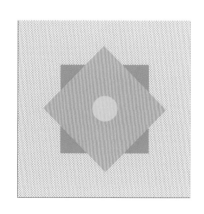

5.定义图案：执行编辑-定义图案-确定，可以为图案设置合适的名称。

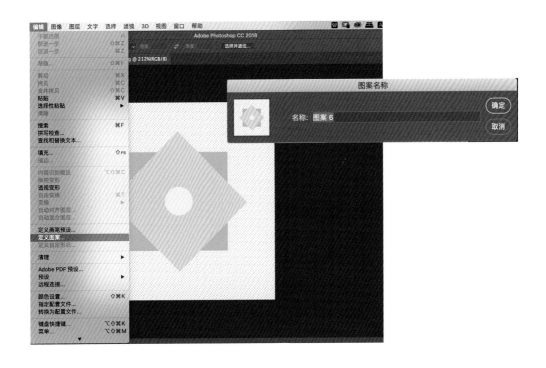

49

6.填充图案：新建一个略大的文件，使用油漆桶工具，在上方属性栏选择图案，选择定义的图案进行填充即可。

4.1.2 二方连续图案的制作

1. 新建文件：新建一个3厘米×3厘米，分辨率为72像素/厘米的文件。新建图层，使用矩形选框工具绘制一个矩形并填充颜色。

2. 形状调整：使用直接选择工具，调整右侧的两个锚点，使其向上移动变成平行四边形。调整时会出现如下图的提示，点击是即可。

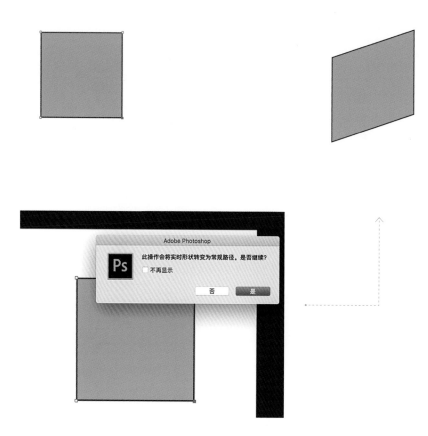

3. 图案设计：可以多制作几个不同颜色的图案进行组合搭配，将它们排列设计得到新的图案。插画师也可以对图案的形状和颜色自行设计，自由发挥。

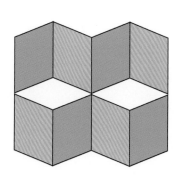

4.定义图案：执行编辑-定义图案-确定，并为图案命名。

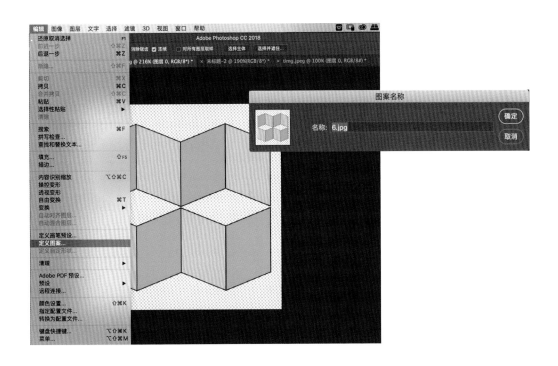

5.填充图案：新建文件，使用油漆桶工具，在属性栏
选择图案，选择刚才定义的图案进行填充即可。

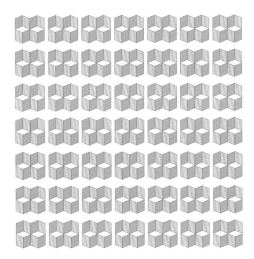

注：二方连续图案的实质是图案的两
侧进行拼接后构成的一个完整图案，
本案例中单位图案的两侧留有一定间
距，才出现右图的效果。

4.1.3 四方连续图案的制作

1. 打开文件：打开一张图案图片，点击该图层后面的
小锁头图标进行解锁。

2. 图案调整：执行滤镜-其它-位移，按照图示调整参
数设置。参数的数值并不是一成不变的，可以根据需要
进行调整。

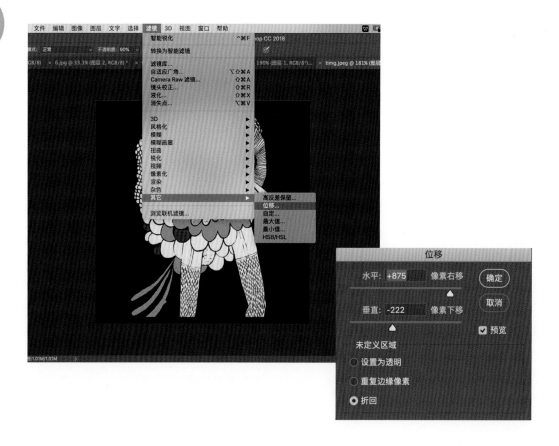

3.定义图案：执行编辑-定义图案-确定，为图案命名。

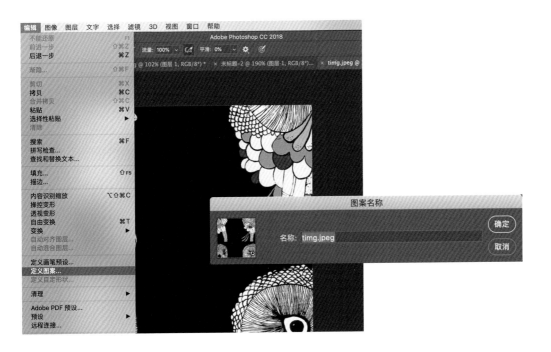

4.填充图案：新建一个略大的文件，使用油漆桶工具，在属性栏选择图案，选择刚才定义的图案进行填充即可。

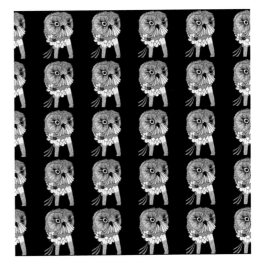

注：四方连续图案是单位图案的上下左右4条边重新拼接后组合成一个完整的图案，填充后可以看到本案例的图案效果是完整的。

服装面料制作表现技法

服装效果图离不开面料的制作，面料种类十分繁复，同时随着流行趋势的变化，面料也在不断创新。本书将复杂的面料进行归类讲解，只要掌握其中的方法，活学活用多加练习，即可一通百通掌握其他面料的绘制技法。

4.2.1 条纹面料的制作

1. 新建文件：新建一个10厘米×10厘米，分辨率72像素/厘米的文件。新建图层1，使用矩形选框工具，绘制两个矩形并填充为黑色。

2. 绘制条纹：新建图层2，使用矩形选框工具，绘制一个较细的矩形并填充白色，放置在图层1较宽的黑色矩形中间。

3. 绘制条纹：新建图层3，使用矩形选框工具，绘制两个较细的矩形并填充黑色，放置在图层1较宽的矩形两侧。

4. 复制条纹：现在就画好一组单位条纹了，对其进行复制(Ctrl+J)并使用移动工具(V)进行组合，形成最终想要的条纹效果即可。

1.
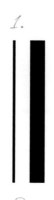

2.

3.
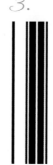

4.

注：任何设计都不是固定和一成不变的，可根据自己的审美设计条纹。注意最好为每一个矩形单独新建图层，方便后期更改。

4.2.2 扎染面料的制作

1. 新建文件：新建一个10厘米×10厘米，分辨率72像素/厘米的文件。前景色设置为蓝色，背景色设置为白色，执行滤镜-渲染-云彩。

2. 叠加素材：粘贴一张黑白的素材图进来，将其图层混合模式调整为柔光。

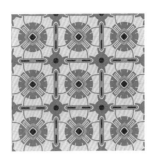

3. 素材调整：更改混合模式之后素材就会变成白色，如果觉得效果不够明显，可以使用快捷键（Ctrl+J）复制该图层用以加强效果。

4. 滤镜处理：执行滤镜-滤镜库-画笔描边-喷溅。数值可以参考下图所示，点击确定即可。

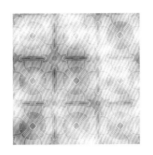

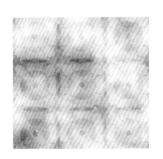

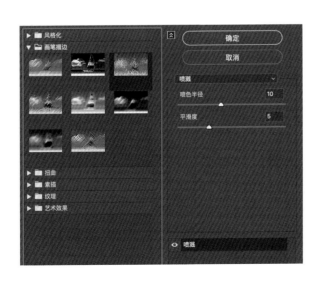

4.2.3 迷彩面料的制作

1. 新建文件：新建一个10厘米×10厘米，分辨率72像素/厘米的文件。新建图层并填充绿色。

2. 添加杂色：执行滤镜-杂色-添加杂色，数值可参考下图所示，也可以根据需要进行更改。

3. 晶格化：执行滤镜-像素化-晶格化，参数值设置为107。也可以根据需求调整参数设置，这些操作都是很灵活的，能做出需要的效果即可，不必拘泥于参考值。

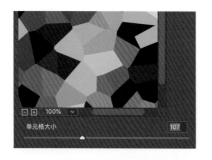 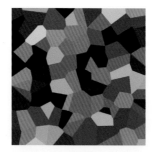

4. 中间值：执行滤镜-杂色-中间值，参数设置为20即可。

 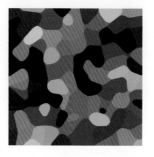

4.2.4 网纹面料的制作

1. 新建文件：新建一个10厘米×10厘米，分辨率72像素/厘米的文件。新建图层并填充颜色。

2. 滤镜库：执行滤镜-滤镜库-纹理-马赛克拼贴，数值可参考下图所示或自行尝试调整。

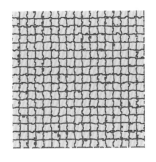

3.抠图：使用魔棒工具选择颜色区域最大的那一块，点击右键选择选取相似，按Delete键进行删除，即可得到下图的效果。

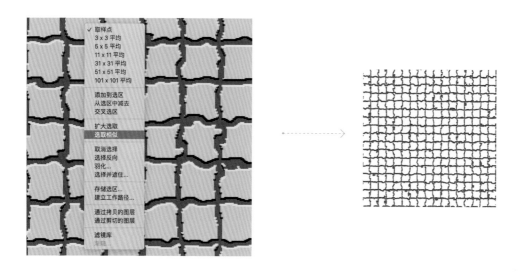

4.添加投影：双击网纹图层，弹出图层样式对话框，选择投影。数值可参考下图所示。

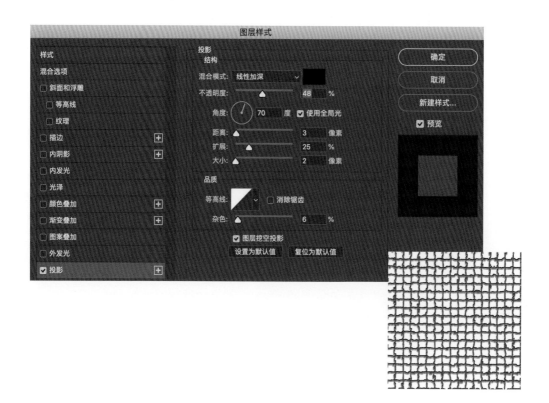

4.2.5 牛仔面料的制作

1. 新建文件：新建一个10厘米×10厘米，分辨率72像素/厘米的文件。新建图层并填充颜色。

2. 添加杂色：执行滤镜-杂色-添加杂色，其方法与之前添加杂色的方法相同，数值可以自行更改。

3. 新建文件：新建大小为10像素×10像素，72像素/厘米的文件，前景色设置成黑色，使用铅笔工具在左下角点击一下，按住Shift键在右上角再次点击一下，即可得到一条对角线。隐藏背景层并执行编辑-定义图案，为图案命名。

4. 填充肌理：回到刚才的文件并新建图层，使用油漆桶工具，在属性栏选择图案，选择刚才定义的图案进行填充即可。

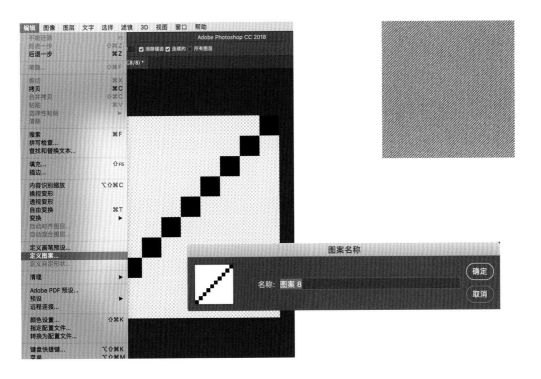

4.2.6 棉麻面料的制作

1. 新建文件：新建一个10厘米×10厘米，分辨率72像素/厘米的文件。新建图层并填充颜色，前景色的选择要比背景色深一些。

2. 滤镜渲染：执行滤镜-渲染-纤维，数值参考右图所示或自行修改。

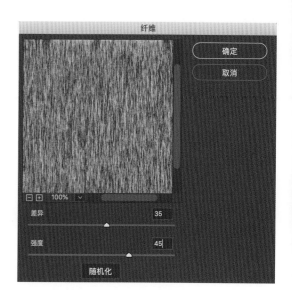

3. 复制图层：使用快捷键(Ctrl+J)复制图层，再用快捷键(Ctrl+T)进行自由变换，点击右键顺时针旋转90度，调整图层混合模式为正片叠底。

4. 调整面料：选择调整面板里的色相/饱和度，增加其饱和度与明度的数值，数值可参考下图所示或自行修改。

4.2.7 毛衣面料的制作

1. 新建文件：新建一个10厘米×10厘米，分辨率72像素/厘米的文件。新建图层并填充颜色。

2.制作针织：使用钢笔工具绘制单位针织的形状，点击路径面板，右键选择填充路径，即可完成填色。

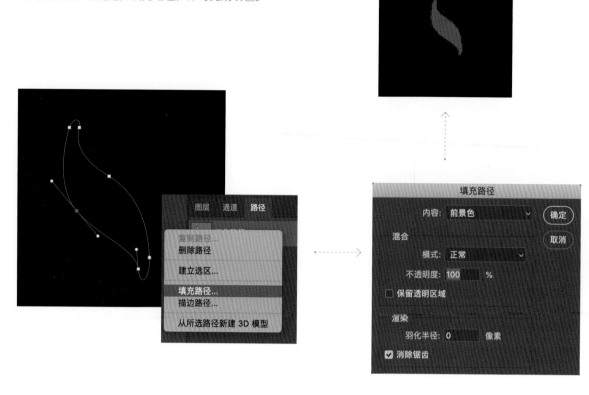

3.复制针织：使用快捷键(Ctrl+J)复制刚才所绘制的单位针织，使用快捷键(Ctrl+T)自由变换，点击右键选择水平翻转并移动形成一个完整的针织单位。逐步复制(Ctrl+J)排列形成下图所示，最后将以上图层进行合并。

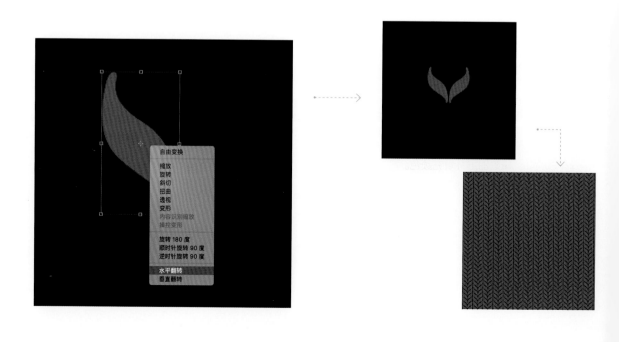

4.执行滤镜：先为针织肌理添加杂色，执行滤镜-杂色-添加杂色，使其具有一定的质感。然后执行滤镜-模糊-动感模糊，数值可参考下图。

4.2.8 派力斯面料的制作

1. 新建文件：新建一个10厘米×10厘米，分辨率72像素/厘米的文件。新建图层并填充颜色。

2.添加杂色：执行滤镜-杂色-添加杂色，数值可参考下图。

3.添加滤镜库效果：执行滤镜-滤镜库-画笔描边-阴影线，数值可参考下图所示。

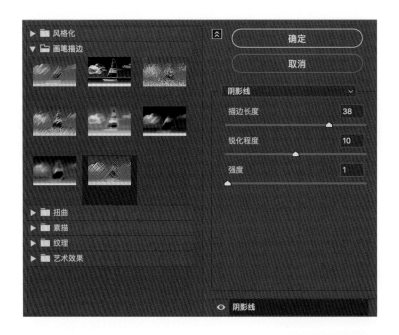

4.调整面料：完成滤镜的效果后，可以使用调整面板里的工具进行细节调整，最终完成制作。

⦂ 4.2.9 泡泡纱面料的制作

1. 新建文件：新建一个10厘米×10厘米，分辨率72像素/厘米的文件。新建图层并填充颜色。

2. 添加杂色：执行滤镜-杂色-添加杂色，数值可参考右图所示。

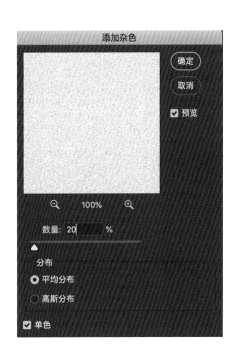

3. 绘制矩形：使用矩形选框工具，绘制一个长条矩形。多次复制之后形成右下图效果，可以将较多的图层合并。在此基础上再添加一些杂色。

4.添加滤镜效果：执行滤镜-扭曲-波纹，数值可参考下图。

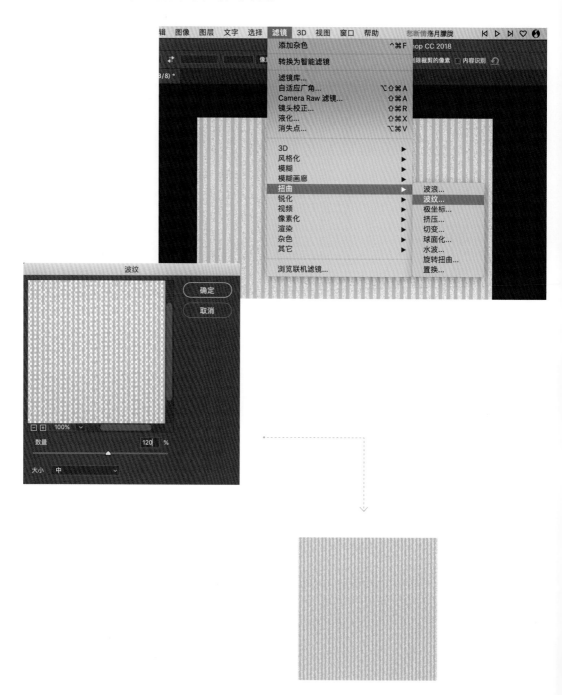

4.2.10 天鹅绒面料的制作

1. 新建文件：新建一个10厘米×10厘米，分辨率72像素/厘米的文件。新建图层并填充颜色。

2. 添加杂色：执行滤镜-杂色-添加杂色，数值可参考右图所示。

3. 加强滤镜效果：执行滤镜-模糊-高斯模糊，数值可参考下图所示。

4. 调整面料：完成滤镜效果后，可以使用调整面板里的工具进行细节调整。

4.3

面料的扫描与调整

除了使用Photoshop软件来制作面料外，还有更快更方便的方法来表现面料，就是使用扫描仪快速地将面料扫描形成电子版图片，应用到服装效果图中，这样会大大提高绘图的效率。也可以去一些素材网站进行下载，都是较为快速便捷的方法。

4.3.1 面料的扫描

扫描面料时需要注意面料的平整性、均匀性，保证扫描出来的文件是清晰的，不能带有褶皱，这样才能很好地应用到服装设计效果图中。从图4.3.1中的面料可以看到，其效果非常真实自然，这是扫描面料的优势所在。

图4.3.1

4.3.2 面料的调色

1. 打开面料：打开一张面料素材，素材要尽可能清晰和平整。所有的面料素材都要满足这个前提。

2. 调整面料：选择调整面板里的色相/饱和度，调整参数并勾选着色，数值可参考右图所示或自行修改。

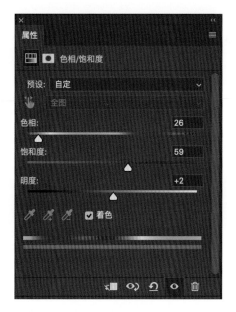

4.3.3 面料的拼接

1. 打开面料：打开一张四方连续图案面料素材，尽可能清晰和平整。

2.移动面料：使用移动工具(V)，将其移动到之前创作的作品中，使面料覆盖在连身裤的部分。

3.拼接面料：移动过来的面料大小是不够的，需要将面料进行复制和拼接，使其能够覆盖住整件连身裤，将所有面料图层合并。

4.填充面料：创建剪贴蒙版，使面料填充进连身裤里。此步骤和之前讲过的定义图案方法的原理是一样的，只不过是通过拼接完成而已。

2

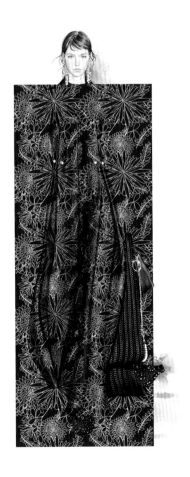

3

4

5.1

皮包表现技法

配饰在服装设计整体造型中不可或缺，服装效果图的绘制中肯定也少不了这些配饰的表现。本章分别以两种不同材质的皮包、鞋类、饰品进行讲解，同时为接下来的学习打下基础。

5.1.1 打褶皮包表现技法

1. 绘制线稿：观察皮包的款式、比例、透视关系，绘制出皮包的线稿，注意线条的虚实变化。
画笔工具：KYLE终极硬心铅笔或硬边圆压力大小。

2. 皮包铺色：使用多边形套索工具，将皮包区域进行套索形成闭合区域，新建图层，选好颜色以后，使用填充前景色的快捷键(Alt+Delete)进行填色。

画笔工具

KYLE终极硬心铅笔　　　硬边圆压力大小

多边形套索工具

$3.$绘制暗部：新建暗部图层，图层混合模式更改为正片叠底。选择该图层，点击右键-创建剪贴蒙版，创建剪贴蒙版的作用是避免笔触画到外面去。使用画笔工具绘制阴影，注意笔触的自然与过渡。

画笔工具：硬边圆压力不透明度。

$4.$绘制亮部：新建亮部图层，图层混合模式为正常。
使用画笔绘制高光，注意笔触变化以及高光的层次。
画笔工具：硬边圆压力不透明度。

画笔工具

硬边圆压力不透明度　　　KYLE终极硬心铅笔

硬边圆压力大小　　　多边形套索工具

: 5.1.2 漆皮皮包表现技法

*1.*绘制线稿：根据皮包的比例、透视以及款式特点，绘制出皮包的线稿。

画笔工具：KYLE终极硬心铅笔或硬边圆压力大小。

*2.*皮包铺色：使用多边形套索工具，沿皮包边缘形成闭合选区。新建图层，设置前景色，使用填充前景色的快捷键(Alt+Delete)进行填色。

*3.*绘制暗部：新建暗部图层，图层混合模式更改为正片叠底。选择该图层，点击右键-创建剪贴蒙版，避免笔触画到外面去。使用画笔工具绘制阴影。

画笔工具：硬边圆压力不透明度。

*4.*绘制亮部：新建亮部图层，图层混合模式为正常。使用画笔工具绘制高光部分，注意色彩的冷暖变化。

画笔工具：硬边圆压力不透明度。

5.2

鞋类表现技法

5.2.1 皮鞋表现技法

1.绘制线稿：观察皮鞋的比例，透视以及款式特点，使用虚实变化的线条绘制线稿。

画笔工具：KYLE终极硬心铅笔或硬边圆压力大小。

2.鞋子铺色：使用多边形套索工具，沿皮鞋边缘形成闭合选区。新建图层，设置好前景色，使用填充前景色的快捷键(Alt+Delete)进行填色。

画笔工具

KYLE终极硬心铅笔　　　硬边圆压力不透明度

硬边圆压力大小　　　　多边形套索工具

3.绘制暗部：新建暗部图层，图层混合模式更改为正片叠底。选择该图层，点击右键-创建剪贴蒙版，使用画笔工具绘制阴影部分。

画笔工具：硬边圆压力不透明度。

4.绘制亮部：新建亮部图层，图层混合模式为正常。使用画笔工具绘制高光部分，亮面皮鞋会反射周围的环境色，需要细致观察色彩，画面才会更真实。

画笔工具：硬边圆压力不透明度。

5.2.2 运动鞋表现技法

1.绘制线稿：因为款式的不同，运动鞋的轮廓和皮鞋相比没有那么硬朗。

画笔工具：KYLE终极硬心铅笔或硬边圆压力大小。

2.鞋子铺色：使用多边形套索工具，对运动鞋区域进行套索形成闭合区域。新建图层，设置前景色，使用快捷键(Alt+Delete) 填充前景色。

3.填充印花：打开印花素材，将其复制摆放在合适的位置，执行滤镜-液化，参数设置如图。使用向前变形工具，对印花进行变形调整后点击确定。使用多边形套索工具，将不要的区域选中后按Delete 键删除。

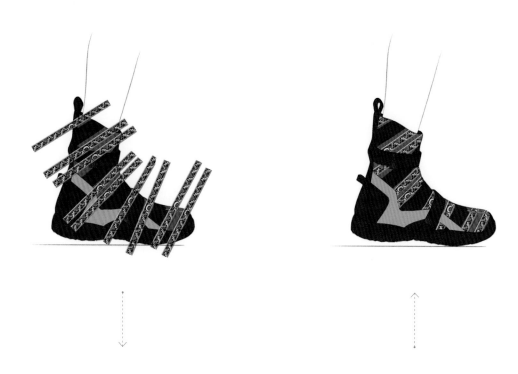

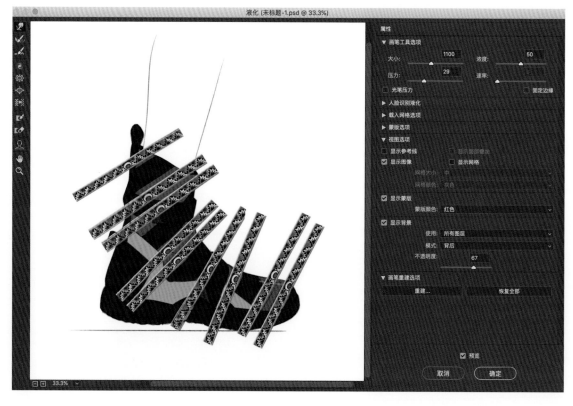

4.绘制暗部：新建暗部图层，图层混合模式更改为正片叠底。选择该图层，点击右键-创建剪贴蒙版，这样做能避免将笔触画到运动鞋外。使用画笔工具继续绘制阴影部分。

画笔工具：硬边圆压力不透明度。

5.绘制亮部：新建亮部图层，图层混合模式为正常。使用画笔工具绘制高光部分，注意笔触的自然与过渡。

画笔工具：硬边圆压力不透明度。

画笔工具

硬边圆压力不透明度   向前变形工具   多边形套索工具

5.3

饰品表现技法

5.3.1 宝石耳环表现技法

*1.*绘制线稿：根据耳环的透视以及款式特点，使用灵动而顺畅的线条进行线稿绘制。

画笔工具：KYLE终极硬心铅笔或硬边圆压力大小。

*2.*耳环铺色：使用多边形套索工具，把耳环区域进行套索形成闭合选区，新建图层，设置前景色，使用快捷键(Alt+Delete)填充前景色。

*3.*绘制暗部：新建暗部图层，图层混合模式更改为正片叠底。选择该图层，点击右键-创建剪贴蒙版，使用画笔工具绘制阴影部分。

画笔工具：硬边圆压力不透明度。

*4.*绘制亮部：新建亮部图层，图层混合模式为正常。使用画笔工具绘制高光，宝石的色彩更为清透明亮。观察高光的层次，因为耳环各部分材质和色彩的不同，高光的亮度差别较为明显，应有所区分。

画笔工具：硬边圆压力不透明度。

5.3.2 金属耳环表现技法

*1.*绘制线稿：这个耳环整体的轮廓较为简洁，但是光泽感强，可以在起草的线稿上勾勒出大致的明暗面。
画笔工具：KYLE终极硬心铅笔或硬边圆压力大小。

*2.*耳环铺色：使用多边形套索工具，把耳环区域进行套索形成闭合选区。新建图层，设置前景色并填充。

*3.*绘制暗部：新建暗部图层，图层混合模式更改为正片叠底。选择该图层，点击右键-创建剪贴蒙版，参考线稿用画笔绘制出阴影，注意暗部也是有层次变化的。
画笔工具：硬边圆压力不透明度。

*4.*绘制亮部：新建亮部图层，图层混合模式为正常。使用画笔工具绘制高光，光泽感越强的物体受周围环境色的影响越大，同时还要注意色彩的冷暖变化。
画笔工具：硬边圆压力不透明度。

画笔工具

KYLE终极硬心铅笔　　硬边圆压力大小　　硬边圆压力不透明度　　多边形套索工具

CHAPTER

6

第 6 章

Photoshop时装画
实战应用

6.1
优雅通勤类

本节主要以印花与网纱两种面料材质进行讲解，其中包括印花面料的两种表现技法，网纱与钉珠装饰的绘制，还有网纱和皮革制作等技法。知识点较多，需要多加练习才能熟练掌握这些技巧。

： 6.1.1 印花裙装款式的绘制

*1.*绘制服装线稿：使用画笔工具绘制服装线稿，应掌握好服装的廓形、松量以及服装特征，准确把控服装与人体的关系，为了艺术表现可以做适当的夸张。

画笔工具：KYLE终极硬心铅笔画头发，硬边圆压力大小画面部。

*2.*人体上色：根据之前讲解的五官与发型绘制技法完成人体部分的上色，注意对女性模特的刻画笔触要柔和自然。

画笔工具：硬边圆压力不透明度，硬边圆压力大小。

面部细节

83

画笔工具

KYLE终极硬心铅笔　　硬边圆压力大小　　硬边圆压力不透明度

3.上衣铺色：使用多边形套索工具形成闭合选区，使用填充前景色的快捷键(Alt+Delete)进行填色。注意最好为每一件衣服单独新建图层，便于后期修改。

84

4.填充面料：打开一张印花素材，移动到当前的文档中来，注意印花素材图层要与被填充图层相邻。点击右键，创建剪贴蒙版即可将素材填充进来。

画笔工具

硬边圆压力不透明度   多边形套索工具

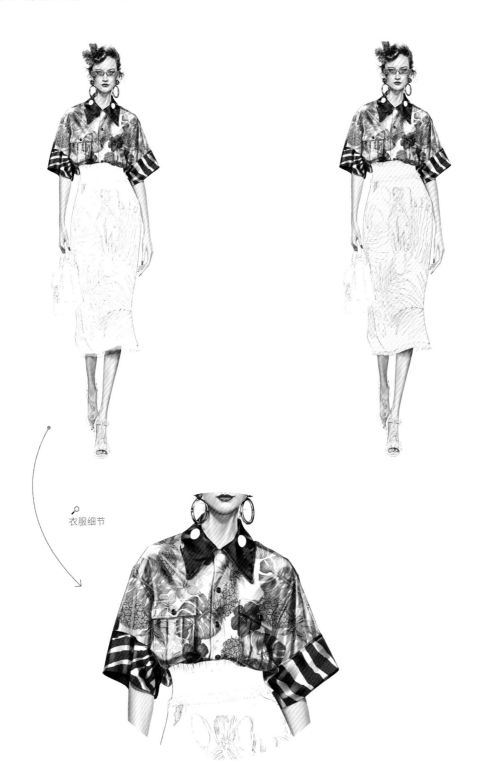

5.绘制明暗：新建暗部图层，图层混合模式更改为正片叠底，使用画笔绘制阴影部分。新建亮部图层，图层混合模式为正常，使用画笔工具绘制高光部分。注意笔触的变化要过渡自然。

画笔工具：硬边圆压力不透明度。

6.半裙铺色：使用多边形套索工具形成闭合选区，新建图层，填充前景色。

衣服细节

7.填充肌理：参考59页制作牛仔面料肌理的方法制作半裙的面料肌理。新建图层，使用矩形选框工具绘制一个矩形，使用油漆桶工具，在属性栏选择图案，选择刚才制作的面料肌理图案进行填充，然后取消选区(Ctrl+D)。复制该图层执行自由变换(Ctrl+T)操作，旋转至合适的角度，再将这两个图层合并。选中该图层，点击右键创建剪贴蒙版。

8.印花铺色：使用多边形套索工具，沿着半裙上的印花线稿形成闭合选区，新建图层并填充前景色。这部分印花填色可以在一个图层上进行。

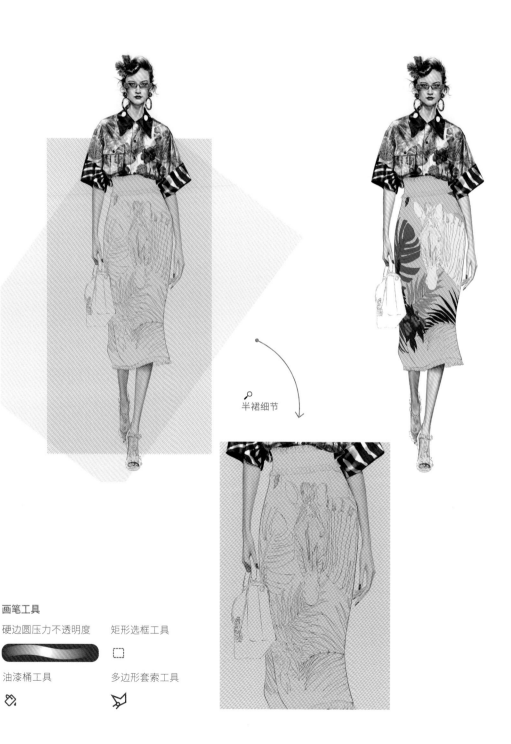

半裙细节

画笔工具

硬边圆压力不透明度

矩形选框工具

油漆桶工具

多边形套索工具

$\mathcal{9}$.刻画印花：使用画笔工具刻画印花的明暗与细节，使画面效果更加完善和细致。此步骤的笔刷可以使用常规画笔，或者油画类、水彩类画笔进行刻画，会出现不一样的画面效果，大家要勇于尝试与创新。

$\mathcal{10}$.绘制明暗：新建暗部图层，图层混合模式更改为正片叠底，使用画笔工具绘制阴影部分。新建亮部图层，图层混合模式为正常，使用画笔工具绘制高光部分。注意面料产生的起伏和褶皱。
画笔工具：硬边圆压力不透明度。

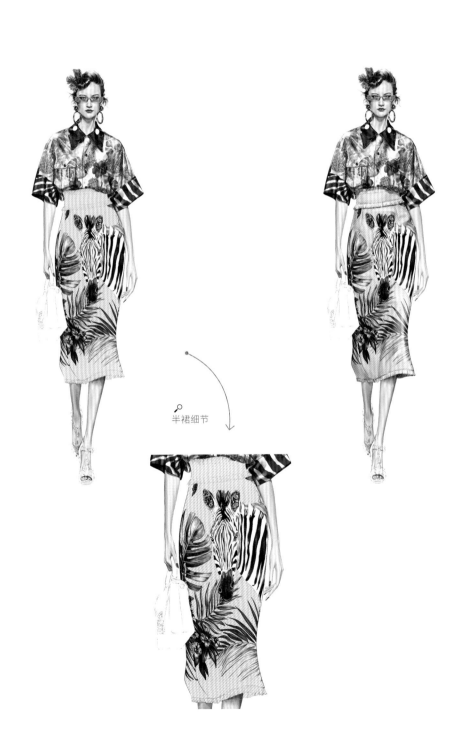

半裙细节

11. 皮包铺色：使用多边形套索工具，沿皮包边缘形成闭合选区，新建图层并填充前景色。注意为每个部分单独新建图层。

画笔工具

硬边圆压力不透明度

多边形套索工具

12. 添加滤镜效果：执行滤镜-滤镜库-纹理-染色玻璃，可以快速地表现出蓝色皮革的质感。数值可参考下图或自行设置。

*13.*制作肌理：新建一个5厘米×5厘米，分辨率72像素/厘米的文件。新建图层，绘制一个圆柱形，复制后形成下图效果。隐藏该肌理图案的背景层，将其移动到皮包图层的上方，进行拼接与组合，然后删除多余的肌理图案。需要注意的是由于肌理走向不同，要分片、分层进行填充。

皮包细节

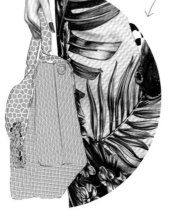
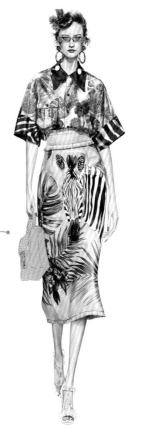

*14.*绘制明暗：新建暗部图层，将图层混合模式更改为正片叠底，使用画笔工具绘制皮包的阴影部分。新建亮部图层，图层混合模式为正常，使用画笔工具绘制皮包的高光。

画笔工具：硬边圆压力不透明度。

皮包细节

*15.*绘制鞋子：使用画笔工具绘制鞋子，其顺序与方法都是遵循先建立一个基本的铺色图层，再分别建立暗部与亮部图层进行塑造，具体可参见76页鞋类表现技法的内容。

画笔工具：硬边圆压力不透明度。

*16.*绘制背景：背景起到烘托氛围的作用，该作品的背景颜色参照服装本身色彩，使用水彩笔刷绘制而成。

鞋子细节

注：本案例的主要知识点是半裙部分肌理的制作和图案的填充，一定要活学活用举一反三。皮包的滤镜库处理以及编织的效果，都可以做一些大胆的尝试。

6.1.2 网纱裙装款式的绘制

*1.*绘制服装线稿：使用画笔工具绘制服装线稿，需要仔细观察模特的动态、服装的廓形以及服装的特征。网纱面料较为柔软，所以线条会偏向柔和。

画笔工具：KYLE终极硬心铅笔画头发，硬边圆压力大小画面部。

*2.*人体上色：新建图层，根据之前讲过的五官与发型绘制技法完成人体部分的上色，刻画女性模特的笔触要自然柔和一些。

画笔工具：硬边圆压力不透明度，硬边圆压力大小。

面部细节

画笔工具

KYLE终极硬心铅笔   硬边圆压力大小

硬边圆压力不透明度

*3.*裙子铺色：使用多边形套索工具形成闭合选区，新建图层并填充前景色。降低图层的不透明度即可出现清透的感觉。

*4.*绘制明暗：新建暗部图层，图层混合模式更改为正片叠底，使用画笔工具绘制阴影部分。新建亮部图层，图层混合模式为正常，使用画笔绘制高光部分。黑色的裙子并不全是黑色的，明暗之中会有细微的色彩差别。
画笔工具：硬边圆压力不透明度。

画笔工具

多边形套索工具

油漆桶工具

硬边圆压力不透明度

$\mathcal{5}$.填充网纱：新建大小为0.3厘米×0.3厘米，72像素/厘米的文件。新建图层，绘制如下图所示的图案，隐藏背景图层，执行编辑-定义图案命令。新建网纱图层，使用矩形选框工具绘制出可以覆盖住网纱的区域并使用油漆桶工具填充。最后创建剪贴蒙版，方法可参考86页第7步。

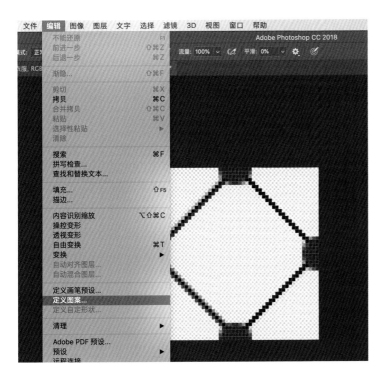

衣服细节

6.绘制花朵：使用多边形套索工具形成闭合区域，设置好前景色并填充。使用画笔工具进行详细刻画，注意质感表现的同时，也可以添加一些杂色。

7.绘制亮部：新建亮部图层，图层混合模式为正常，使用画笔工具绘制高光部分。
画笔工具：硬边圆压力不透明度。

花朵细节

画笔工具

硬边圆压力大小　　　　硬边圆压力不透明度　　　多边形套索工具

8.填充蕾丝：打开一张白色背景的蕾丝面料素材，将其移动到本文件中，图层的混合模式更改为正片叠底，使用多边形套索工具，选取不要的区域后按Delete键删除即可。

9.刻画宝石：选择硬边圆压力大小画笔工具，打开画笔面板将画笔的间距数值拉大，在衣服上自然地绘制出小颗粒的宝石。

画笔工具：硬边圆压力大小。

蕾丝细节

宝石细节

*10.*宝石高光：使用画笔工具，选择性地在宝石上进行高光点缀，实现宝石的闪亮质感。比较亮的高光可以选择用纯白色绘制。

画笔工具：硬边圆压力大小。

*11.*皮靴填充：打开一张皮革面料素材，将其移动到本文件中，图层的混合模式为正常，当然也可以尝试其他模式。使用多边形套索工具，选取不要的区域删除。

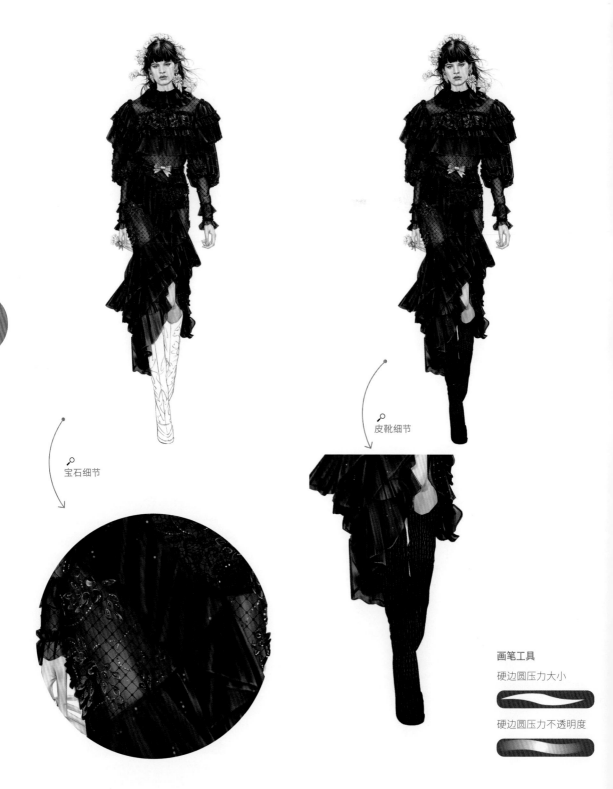

宝石细节

皮靴细节

画笔工具

硬边圆压力大小

硬边圆压力不透明度

12. 皮靴调色：使用多边形套索工具，套索皮靴上的蓝色区域，选择调整面板里的色相/饱和度，勾选着色，调节色相即可变成蓝色。

皮靴细节

13. 绘制皮靴亮部：新建亮部图层，图层混合模式为正常，使用画笔工具绘制高光部分。光面皮革反光较重，注意加入环境色。

画笔工具：硬边圆压力不透明度。

皮靴细节

*14.*绘制背景：模特佩戴的花朵装饰很有春天的气息，所以使用水彩笔刷加入了春天的色彩。

注：本案例细节比较多，需要足够的耐心来完成。主要掌握网纱的制作与皮革素材的填充。

6.2
职业正装类

本节主要以呢料与条纹面料进行讲解，包括呢子面料和豹纹面料的表现技法，还有条纹面料的变形与填充制作技法。

6.2.1 呢料西服款式的绘制

1.绘制服装线稿：使用画笔绘制服装线稿，硬挺的面料用笔直线条较多。注意人体动态形成的面料褶皱。
画笔工具: KYLE终极硬心铅笔，硬边圆压力大小。

2.人体上色：为人体部分上色，要注意男性模特的刻画要有一些轮廓感、力量感，笔触可以硬朗一些。
画笔工具: 硬边圆压力不透明度，硬边圆压力大小。

面部细节

画笔工具

KYLE终极硬心铅笔

硬边圆压力大小

硬边圆压力不透明度

$\mathcal{3}$.绘制丝巾：新建图层，按照丝巾区域使用多边形套索工具形成闭合选区，并填充红色。再用同样方法选取白色印花区域，填充白色。新建暗部图层，使用画笔工具绘制丝巾的暗部。

画笔工具：硬边圆压力不透明度。

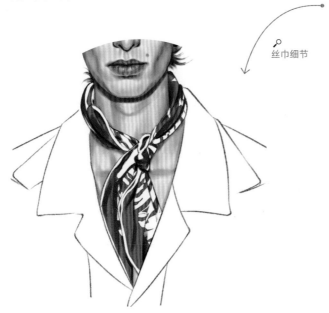

丝巾细节

$\mathcal{4}$.衬衫铺色：使用多边形套索工具形成闭合区域，新建图层填充前景色。注意要为每一件衣服单独新建图层。

画笔工具

硬边圆压力不透明度	多边形套索工具	油漆桶工具	矩形选框工具

$\mathcal{5}$.填充图案：新建大小为1厘米×1厘米，72像素/厘米的文件。新建图层，绘制如图所示的图案，执行编辑-定义图案命令。再次新建图层，使用矩形选框工具绘制可以覆盖衬衫大小的区域，使用油漆桶工具填充图案，创建剪贴蒙版将素材填充进来。

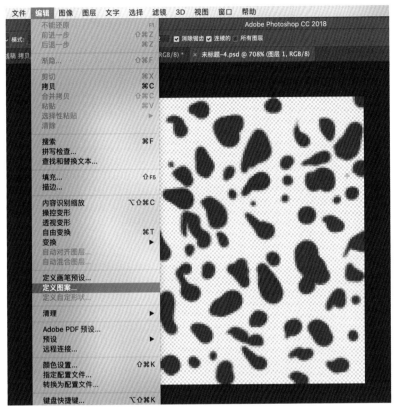

6.绘制明暗：新建暗部图层，图层混合模式更改为正片叠底，使用画笔工具绘制阴影部分。新建亮部图层，图层混合模式为正常，使用画笔工具绘制高光部分。画笔工具：硬边圆压力不透明度。

7.西装铺色：使用多边形套索工具形成闭合区域，新建图层，设置好前景色并填充。

画笔工具

硬边圆压力不透明度	多边形套索工具	铅笔工具	油漆桶工具	矩形选框工具

8.填充肌理：新建大小为0.13厘米×0.14厘米，72像素/厘米的文件。新建图层，使用铅笔工具绘制如下图所示的图案，执行编辑-定义图案命令。再次新建图层，使用矩形选框工具绘制可以覆盖衣服大小的选区，使用油漆桶工具填充图案，创建剪贴蒙版填充素材。

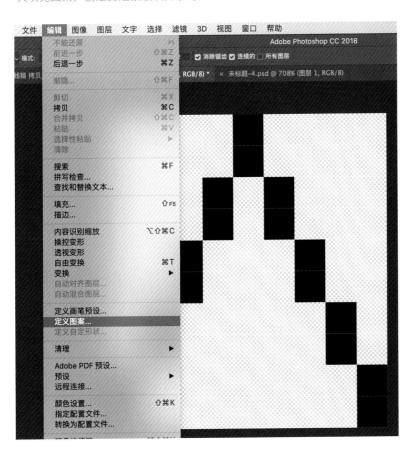

西装细节

9. 添加杂色：复制（Ctrl+J）西装铺色图层，将其移动到肌理层的上方，执行滤镜-杂色-添加杂色，数值可根据想要的效果而定，适当地降低图层不透明度，让下面的肌理透出来。

10. 添加白色噪点：复制西装铺色图层并填充白色，移动到添加杂色图层的上方，将图层混合模式更改为溶解，不透明度调整为16%。

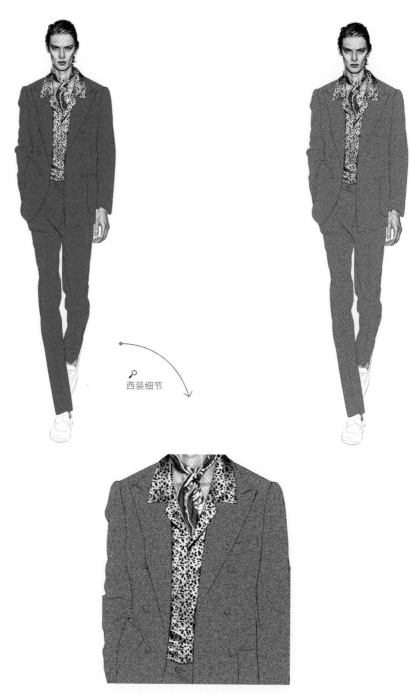

西装细节

画笔工具

硬边圆压力不透明度

多边形套索工具

*11.*绘制明暗：新建暗部图层，图层混合模式更改为正片叠底，使用画笔工具绘制阴影部分。新建亮部图层，图层混合模式为正常，使用画笔工具绘制高光部分。

画笔工具：硬边圆压力不透明度。

明暗细节

*12.*绘制扣子：使用多边形套索工具，选取扣子区域，新建图层并填充深灰色。再用画笔工具刻画扣子的暗部和亮部，表现其立体感。

画笔工具：硬边圆压力不透明度。

扣子细节

*13.*绘制鞋子：使用画笔工具绘制鞋子部分，先建立铺色图层，再分别建立暗部与亮部图层进行绘制，可参考76页皮鞋表现技法。

画笔工具：硬边圆压力不透明度。

*14.*绘制背景：背景和投影有助于塑造空间感和立体感，可使用水彩笔刷，注意背景色彩的过渡变化。

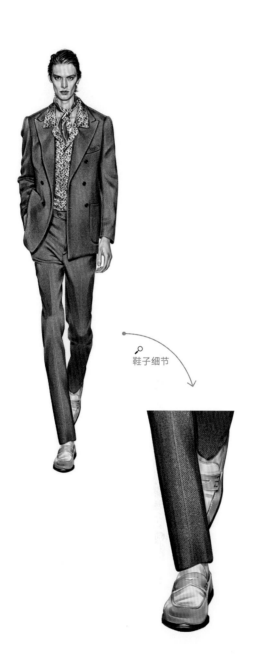

鞋子细节

注：本案例主要知识点是呢料肌理的制作，其本质与网纱制作完全相同，只不过定义的图案不同。可尝试其他的图案形状，通过定义图案、使用油漆桶进行填充来实现想要的效果。

∶ 6.2.2 条纹裙装款式的绘制

$1.$绘制服装线稿：使用画笔工具绘制服装线稿，这件
服装的廓形很有特色。

画笔工具：KYLE终极硬心铅笔，硬边圆压力大小。

$2.$人体上色：为人体部分及模特手中的道具上色，头
部面纱的画法可参考93页填充网纱的内容。

画笔工具：硬边圆压力不透明度，硬边圆压力大小。

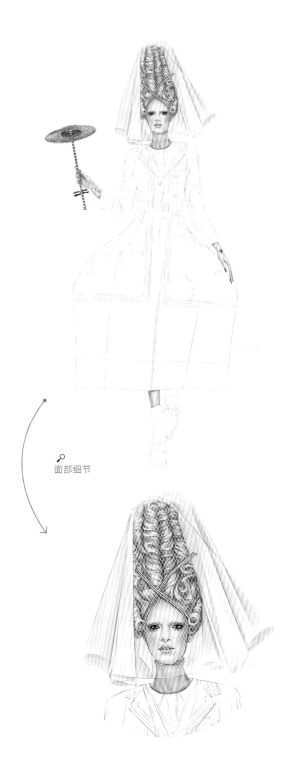

面部细节

画笔工具

KYLE终极硬心铅笔   硬边圆压力大小

硬边圆压力不透明度

3.填充外套条纹：新建一个10厘米×10厘米，72像素/厘米的文件。新建图层，使用矩形选框工具绘制出条纹面料，对其执行编辑-定义图案。新建图层，在外套所在的位置上做好选区并使用油漆桶工具填充图案。

4.调整面料：执行滤镜-液化，参数设置如109页上图。使用向前变形工具对条纹进行变形调整，条纹会随着服装的褶皱而发生弯曲变化。但由于服装的各部分条纹纱向不同，所以必须要分片变形与填充。如下图所示只要纱向不同，就要单独建立图层，进行变形处理并填充。

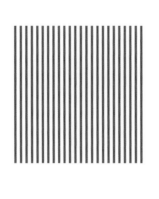

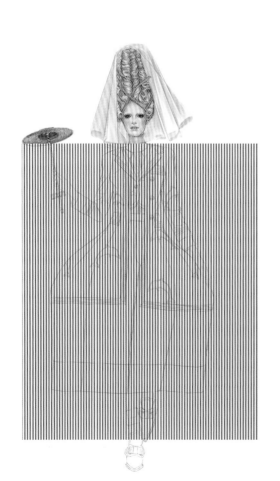

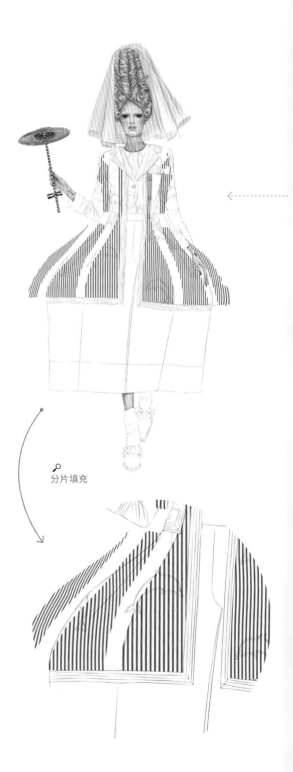

分片填充

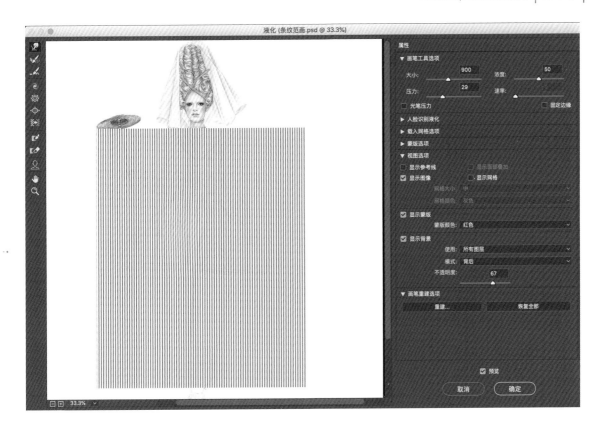

$5.$ 镶边填色：新建图层，使用多边形套索工具形成闭合区域，填充颜色。

上衣细节

画笔工具

矩形选框工具   油漆桶工具

多边形套索工具   向前变形工具

6.绘制外套的明暗：新建暗部图层，图层混合模式更改为正片叠底，使用画笔工具绘制阴影部分。新建亮部图层，图层混合模式为正常，使用画笔绘制高光部分。画笔工具：硬边圆压力不透明度。

7.填充裙子条纹：新建一个10厘米×10厘米，72像素/厘米的文件。新建图层，使用矩形选框工具绘制出条纹面料，对该面料执行编辑-定义图案。新建图层，把裙子位置做好选区，使用油漆桶工具进行填充。

裙子细节

8.绘制裙子的明暗：新建暗部图层，图层混合模式更改为正片叠底，使用画笔工具绘制阴影部分。新建亮部图层，图层混合模式为正常，使用画笔绘制高光部分。画笔工具：硬边圆压力不透明度。

9.填充袖口条纹：新建一个10厘米×10厘米，72像素/厘米的文件。新建图层，使用矩形选框工具绘制出条纹面料，对条纹面料执行编辑-定义图案。新建图层，做好选区后使用油漆桶工具进行填充，将其放在袖口处并调整好位置，将多余的部分删掉。

画笔工具

硬边圆压力不透明度　　矩形选框工具　　油漆桶工具

10. 绘制袖口明暗：新建暗部图层，图层混合模式更改为正片叠底，使用画笔工具绘制阴影部分。新建亮部图层，图层混合模式为正常，使用画笔绘制高光部分。画笔工具：硬边圆压力不透明度。

11. 填充海豚图案：新建一个5厘米×5厘米，72像素/厘米的文件。将海豚图案排列好，将其定义成图案并使用油漆桶工具进行填充。

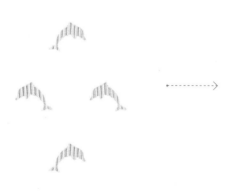

*12.*绘制纽扣：使用画笔工具绘制纽扣部分，先建立一个铺色图层，再分别建立暗部与亮部图层进行绘制。

画笔工具：硬边圆压力不透明度。

*13.*绘制鞋子：使用画笔工具绘制鞋子部分，仍是遵循先建立一个铺色图层，再分别建立暗部与亮部图层绘制，具体参见76页皮鞋表现技法。

画笔工具：硬边圆压力不透明度。

鞋子细节

画笔工具

硬边圆压力不透明度　　　　油漆桶工具

*14.*绘制背景：背景部分插画师可以用水彩笔刷根据自己的审美创作发挥。

注：本案例主要讲解的是面料的分片填充与变形处理，由于不同衣片的纱向是不一样的，所以必然会涉及对格，因此本案例中的图层会比较多。同时由于受到服装褶皱的影响，要学会使用液化工具对条纹进行液化变形处理。

6.3
休闲运动类

本节主要以针织面料与牛仔面料两种材质进行讲解，其中包括针织笔刷的制作与参数设置，图层效果的阴影添加，以及牛仔面料的绘制技法。

：6.3.1 针织毛衣款式的绘制

1. 绘制服装线稿：使用画笔绘制服装线稿，应掌握好服装的廓形、松量以及毛衣的特征。人体的动态要准确。

画笔工具：KYLE终极硬心铅笔，硬边圆压力大小。

2. 人体上色：为人体部分上色，对女性模特的刻画要柔和一些。

画笔工具：硬边圆压力不透明度，硬边圆压力大小。

面部细节

画笔工具

KYLE终极硬心铅笔　　硬边圆压力大小　　硬边圆压力不透明度

3.毛衣铺色：使用多边形套索工具形成闭合选区，新建图层，填充前景色。注意为每一件衣服单独新建图层，便于后期修改。

4.绘制针织肌理：新建大小为1厘米×1厘米，72像素/厘米的文件。绘制出如下页图的画笔单位，隐藏背景图层，执行编辑-定义画笔预设，为定义的画笔命名。然后打开画笔面板调整画笔的间距，参数设置如117页图。勾选形状动态-角度抖动-控制-方向，就可以在新图层上快速绘制出针织肌理了。

画笔工具

多边形套索工具

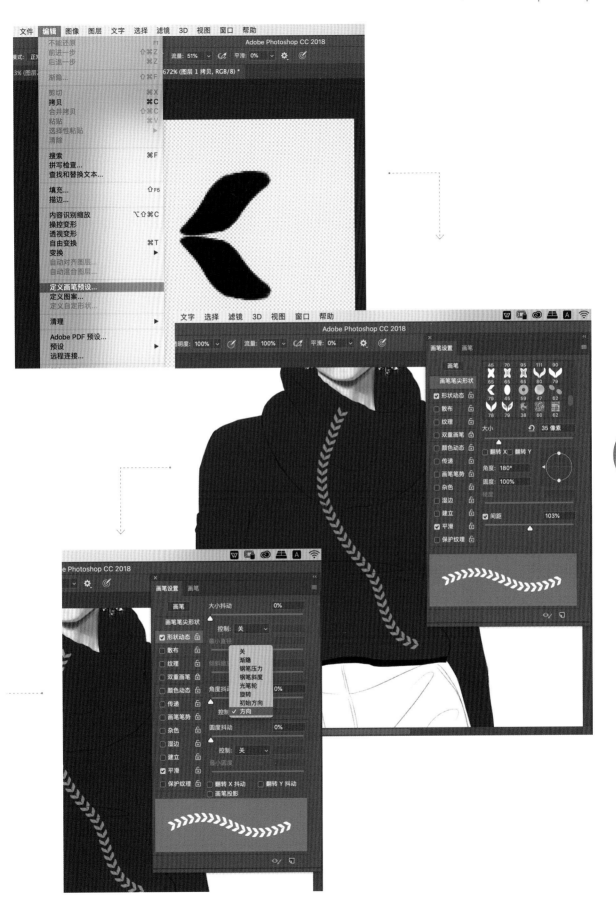

*5.*添加投影：双击针织纹理图层，会弹出图层样式对话框，选择投影，就可以为针织肌理添加阴影，用以表现其立体感。参数设置可参考下图，也可根据自己的需要进行更改。

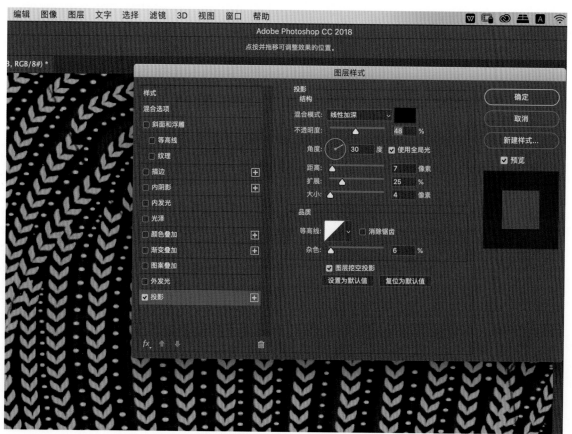

6.绘制暗部：新建暗部图层，图层混合模式更改为正片叠底，使用画笔工具绘制阴影部分。

画笔工具：硬边圆压力不透明度。

衣服细节

7.绘制亮部：新建亮部图层，图层混合模式为正常，使用画笔工具绘制高光部分。

画笔工具：硬边圆压力不透明度。

衣服细节

画笔工具

硬边圆压力不透明度

8. 填充蕾丝：打开一张蕾丝素材，将其移动到本文件中并调整好大小，使用多边形套索工具，选取蕾丝多余的部分按Delete键进行删除。

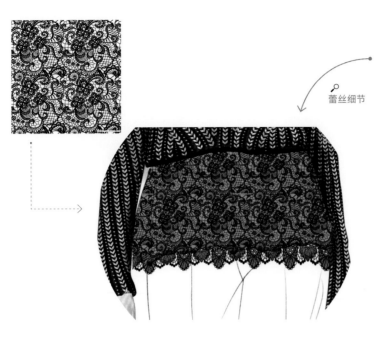

蕾丝细节

9. 绘制蕾丝明暗：新建暗部图层，图层混合模式更改为正片叠底，使用画笔工具绘制阴影部分。为蕾丝加上投影，让它变得更有立体感。新建亮部图层，图层混合模式为正常，使用画笔工具绘制高光部分。

画笔工具：硬边圆压力不透明度。

蕾丝细节

*10.*裤子铺色：使用多边形套索工具形成闭合区域，新建图层并填充前景色。执行滤镜-杂色-添加杂色的滤镜效果。

*11.*填充肌理：参考59页牛仔面料的制作方法制作肌理。新建图层，使用矩形选框工具绘制一个矩形，使用油漆桶工具，在属性栏选择图案，选择刚才定义的肌理图案进行填充，取消选区（Ctrl+D）后创建剪贴蒙版。

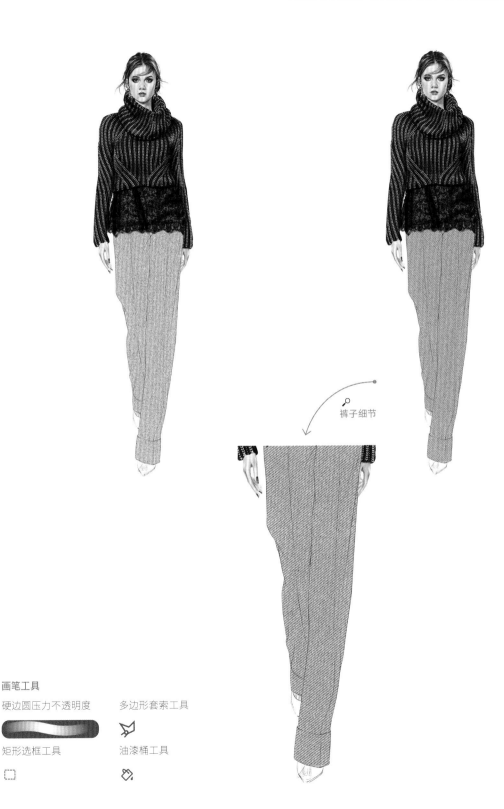

裤子细节

画笔工具

硬边圆压力不透明度

多边形套索工具

矩形选框工具

油漆桶工具

*12.*绘制裤子明暗：新建暗部图层，图层混合模式更改为正片叠底，使用画笔工具绘制阴影部分。新建亮部图层，图层混合模式为正常，使用画笔工具绘制高光。

画笔工具：硬边圆压力不透明度。

*13.*绘制鞋子：使用画笔工具绘制鞋子，其画法遵循先建立铺色图层，再分别建立暗部与亮部图层进行绘制。

画笔工具：硬边圆压力不透明度。

画笔工具

硬边圆压力不透明度

*14.*绘制背景：对画面整体调整之后，可以适当地加上背景和投影，注意色彩上的协调。

注：本案例主要的知识点是针织画笔的制作方法、参数的调整，以及利用图层样式添加阴影的方法，后续的案例中还会用到此方法来添加阴影效果。

：6.3.2 牛仔外套款式的绘制

*1.*绘制服装线稿：使用画笔工具绘制服装线稿，模特
的外套和裙子在面料质地上有所不同，用线是有差别
的，印花图案在腿部的支撑下发生了形变。
画笔工具：KYLE终极硬心铅笔，硬边圆压力大小。

*2.*人体上色：新建图层，为人体部分上色。
画笔工具：硬边圆压力不透明度，硬边圆压力大小。

🔍
面部细节

画笔工具

KYLE终极硬心铅笔　　硬边圆压力大小

硬边圆压力不透明度　　多边形套索工具

3.内衣铺色：使用多边形套索工具形成闭合区域，新建图层，设置前景色为白色并填充。

4.绘制明暗：新建暗部图层，图层混合模式更改为正片叠底，使用画笔工具绘制阴影部分。新建亮部图层，图层混合模式为正常，使用画笔工具绘制高光部分。
画笔工具：硬边圆压力不透明度。

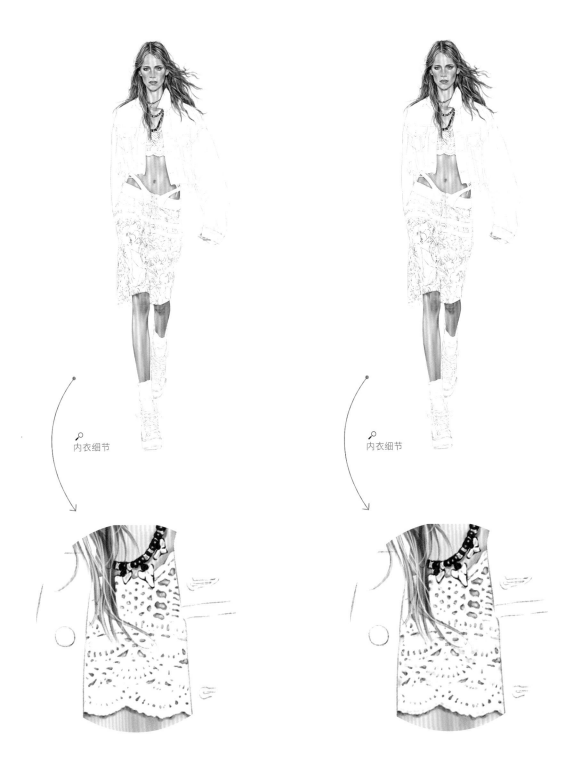

内衣细节

内衣细节

5. 牛仔铺色：使用多边形套索工具形成闭合区域，新建图层并填充前景色。执行滤镜-杂色-添加杂色的滤镜效果。

6. 填充肌理：参考59页牛仔面料的制作方法制作肌理图案。新建图层，使用矩形选框工具绘制一个矩形，选择油漆桶工具，在属性栏选择图案，选择刚才定义的肌理图案进行填充，取消选区(Ctrl+D)后创建剪贴蒙版。

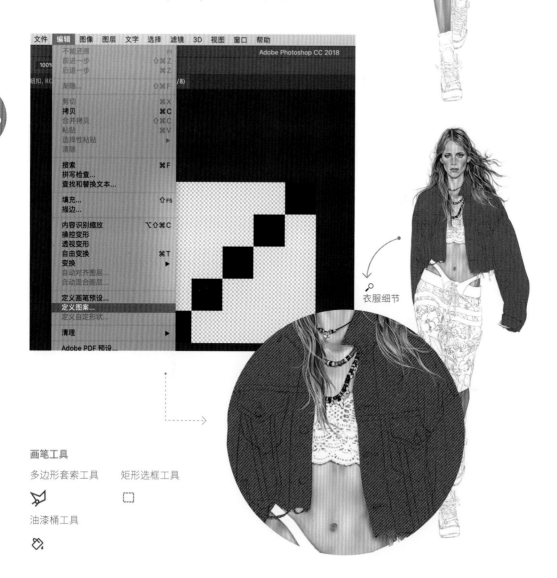

衣服细节

画笔工具

多边形套索工具　　矩形选框工具

油漆桶工具

7.绘制明线：新建图层，使用钢笔工具，在属性栏选择形状，参考45页男装皮革的明线绘制方法绘制牛仔外套上的明线，颜色设置成褐色。

衣服细节

8.绘制暗部：新建暗部图层，图层混合模式更改为正片叠底，使用画笔工具绘制阴影部分。

画笔工具：硬边圆压力不透明度。

衣服细节

画笔工具

硬边圆压力不透明度

钢笔工具

*9.*绘制亮部：新建亮部图层，图层混合模式更改为正常，使用画笔绘制外套的亮部，牛仔面料的亮部发白，暗部的色彩偏蓝，色彩差别还是比较大的，需要仔细观察。
画笔工具：KYLE终极硬心铅笔，硬边圆压力不透明度。

衣服细节

*10.*绘制纽扣与扣眼：使用画笔工具绘制金属纽扣与扣眼部分，注意金属质感的表现。画法遵循基础铺色、暗面、高光的刻画顺序，塑造物体的立体感。
画笔工具：硬边圆压力不透明度。

衣服细节

*11.*印花铺色：使用多边形套索工具形成闭合区域，新建图层，使用填充前景色的快捷键(Alt+Delete)进行填色。需要耐心地将颜色都填充好，印花铺色可以在一个图层完成。

*12.*绘制明暗：新建暗部图层，图层混合模式更改为正片叠底，使用画笔工具绘制阴影部分。新建亮部图层，图层混合模式为正常，使用画笔工具绘制高光。
画笔工具：硬边圆压力不透明度。

裙子细节

裙子细节

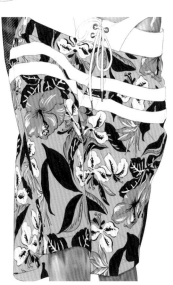

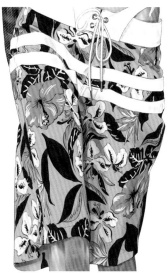

画笔工具

KYLE终极硬心铅笔

硬边圆压力不透明度

多边形套索工具

*13.*绘制鞋子：使用画笔工具绘制鞋子，画法是先建立铺色图层，再分别建立暗部与亮部图层进行绘制。白色的鞋袜在画面上并不是单纯的白色，有色彩的冷暖变化和环境色的影响。

画笔工具：硬边圆压力不透明度。

*14.*绘制背景：背景的部分可根据创作需要自由发挥，常用的是水彩笔刷，起到衬托主体模特的作用即可。

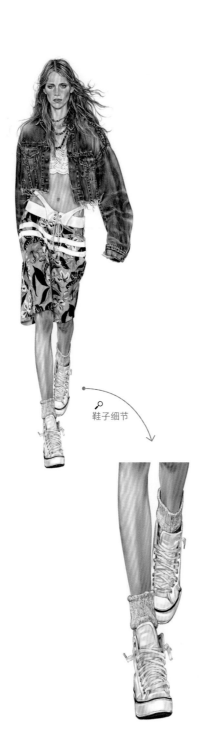

鞋子细节

注：本案例主要讲解牛仔面料的绘制技法，从操作技巧上来讲已经不算是新知识了，主要还是耐心地刻画牛仔衣的明暗关系，表现出面料的水洗效果。

6.4
高定礼服类

本节主要以亮片礼服与刺绣礼服的两种面料材质进行讲解，其中包括亮片材质的表现技法、亮片笔刷的制作，还有刺绣图案的绘制与变形贴图设计，技法与之前章节相通，要做到活学活用。

⁝ 6.4.1 亮片礼服款式的绘制

*1.*绘制服装线稿：使用画笔工具绘制服装线稿，注意因为面料的关系褶皱较多，以及面料贴在肢体上产生的褶皱走向变化。
画笔工具：KYLE终极硬心铅笔，硬边圆压力大小。

画笔工具

KYLE终极硬心铅笔   硬边圆压力大小   硬边圆压力不透明度

2. 人体上色：新建图层，为人体部分上色，刻画女性
模特的笔触要过渡自然。

画笔工具：硬边圆压力不透明度，硬边圆压力大小。

面部细节

3. 绘制金属配饰：新建图层，使用画笔工具绘制项
圈。先铺色，再分别绘制暗部与亮部。项圈的光泽度
高，反光强烈，受环境色影响较大。

画笔工具：硬边圆压力不透明度。

配饰细节

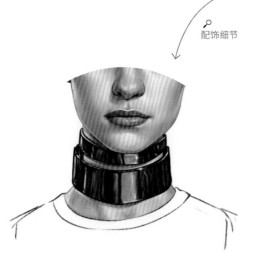

*4.*衣服铺色：使用多边形套索工具形成闭合区域，新建图层并填充前景色。

画笔工具

硬边圆压力大小

硬边圆压力不透明度

硬边圆

多边形套索工具

*5.*绘制亮片：新建图层并选择画笔工具，打开画笔面板-画笔笔尖形状，将间距调大设置如下图，即可画出右图的亮片效果，也可以自行制作亮片笔刷，其原理与针织笔刷的制作方法相同。

画笔工具：亮片笔刷，硬边圆。

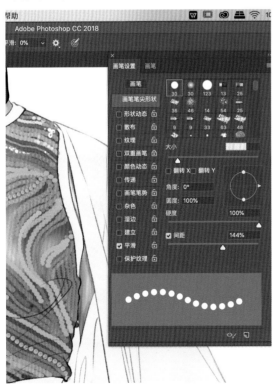

6.添加投影：双击亮片图层，弹出图层样式对话框，
选择投影并设置合适的参数，为亮片添加阴影表现其立
体感。

亮片细节

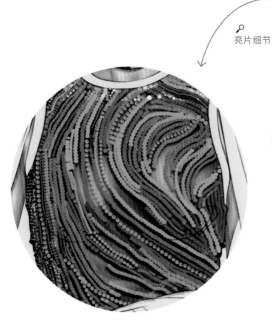

7.绘制高光：新建图层，使用画笔工具给亮片点缀高
光。个别亮片高光可以通过制作如下图的笔刷来完成，
也可以选择一些光芒笔刷进行点缀，多种笔刷进行搭配
效果会更加逼真。

亮片细节

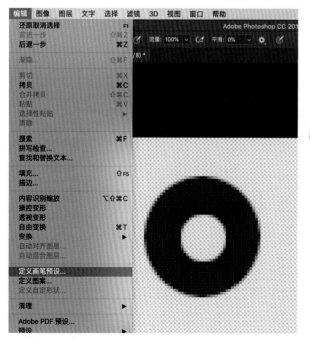

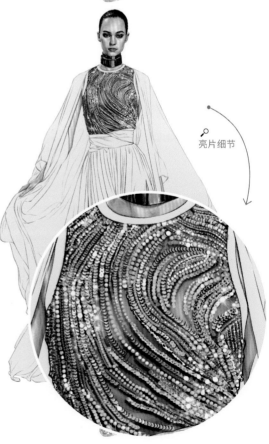

8.绘制礼服整体的明暗：新建暗部图层，图层混合模式更改为正片叠底，使用画笔工具绘制阴影部分，注意暗部色彩的冷暖变化。新建亮部图层，图层混合模式为正常，使用画笔工具绘制高光部分。

画笔工具：硬边圆压力不透明度。

9.绘制鞋子：使用画笔工具绘制鞋子部分，鞋子的颗粒质感可以通过添加杂色来实现，高光的亮部也有层次的差别。

画笔工具：硬边圆压力不透明度。

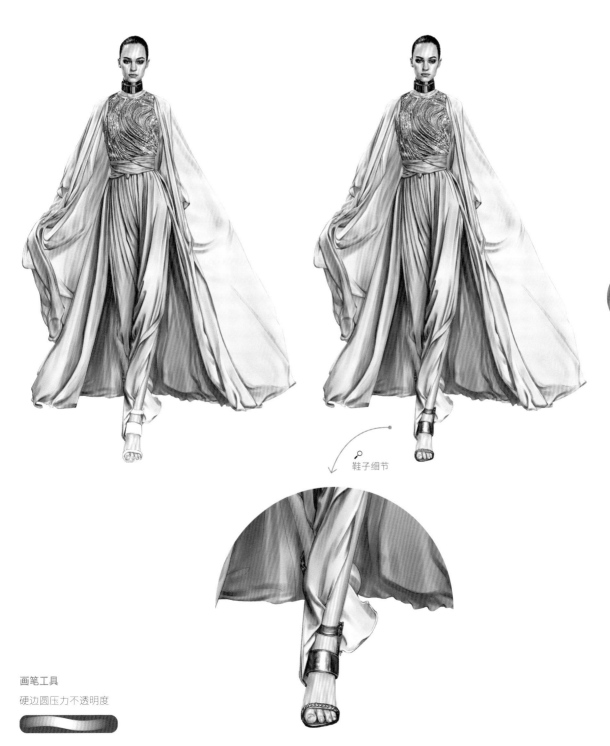

鞋子细节

135

画笔工具

硬边圆压力不透明度

*10.*绘制背景：选择水彩画笔，根据需要进行适当的设置，烘托画面氛围。

注：本案例主要是对亮片质感的讲解，亮片画笔的制作与针织画笔的制作方法相同，也可以利用软件自带的画笔，通过调节参数来绘制亮片，注意亮片的高光层次与质感的表现。

∶ 6.4.2 刺绣礼服款式的绘制

*1.*绘制服装线稿：使用画笔工具绘制服装线稿，这件礼服的廓形比较有特点，还有拼接处的细小褶皱细节。

画笔工具：KYLE终极硬心铅笔，硬边圆压力大小。

*2.*人体上色：新建图层，为人体部分上色。这幅作品的人体部分添加了些微杂色，表现复古的年代感。

画笔工具：硬边圆压力不透明度，硬边圆压力大小。

面部细节

画笔工具

KYLE终极硬心铅笔   硬边圆压力大小

硬边圆压力不透明度

3.绘制花朵：使用画笔工具绘制花朵部分，先建立铺色图层，再分别建立暗部与亮部图层进行绘制。

画笔工具：硬边圆压力不透明度。

配饰细节

4.裙子铺色：使用多边形套索工具形成闭合区域，新建图层并填充前景色。

画笔工具

硬边圆压力不透明度   多边形套索工具

$\mathcal{5}$.绘制暗部：新建暗部图层，图层混合模式更改为正片叠底，使用画笔工具绘制阴影部分。投影和褶皱处的颜色往往是最深的，接缝处的褶皱需要耐心细致刻画。

画笔工具：硬边圆压力不透明度。

$\mathcal{6}$.绘制刺绣花朵：使用画笔工具绘制几个花朵单位，花朵应有立体感，礼服上的大量刺绣都是由这个单位图案拼接组合而成。可以将本图层移动至暗部图层的下面，或者把图层混合模式更改为正片叠底。

画笔工具：硬边圆压力不透明度。

7. 拼接花朵：将上一步绘制的花朵移动到本文件中，通过多次的复制、拼接、组合后将其放在衣服上即可。需要注意的是，由于褶皱和遮挡，部分花朵需要被擦除。

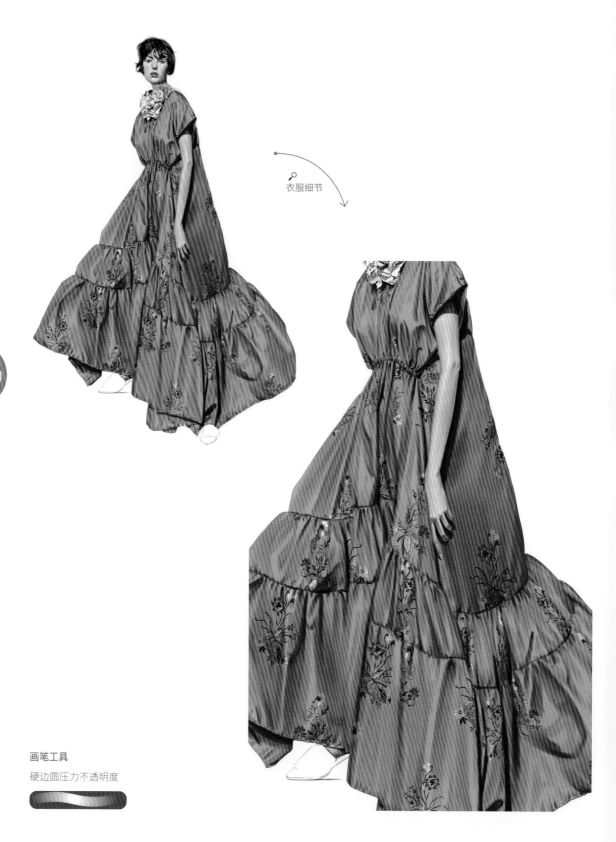

衣服细节

画笔工具

硬边圆压力不透明度

8.绘制亮部：新建亮部图层，图层混合模式为正常，使用画笔工具绘制高光部分。

画笔工具：硬边圆压力不透明度。

衣服细节

9.绘制鞋子：使用画笔工具绘制鞋子部分，先建立一个铺色图层，再分别建立暗部与亮部图层进行绘制，也可以加一些杂色来增加质感。

画笔工具：硬边圆压力不透明度。

鞋子细节

画笔工具

硬边圆压力不透明度

*10.*绘制背景：这幅作品的背景是以实景衬托，用水彩笔刷做淡化处理。

注：本案例主要讲解印花之外的刺绣表现技法，与印花不同的是，刺绣是立体的，而印花是平面的。所以需要先绘制出刺绣图案，然后再根据面料上的花型以及褶皱关系，将刺绣图案贴上去。

6.5

秋冬保暖类

本节主要以绗缝和皮草两种面料材质进行讲解，绘制本节案例需要有耐心。知识点主要是笔刷的运用，包括皮草类笔刷的应用与参数设置、绗缝面料的明暗绘制特点。

6.5.1 绗缝外套款式的绘制

*1.*绘制服装线稿：使用画笔工具绘制服装线稿，注意这种面料的格纹并不是简单的直线，而是有弧度变化的。
画笔工具：KYLE终极硬心铅笔，硬边圆压力大小。

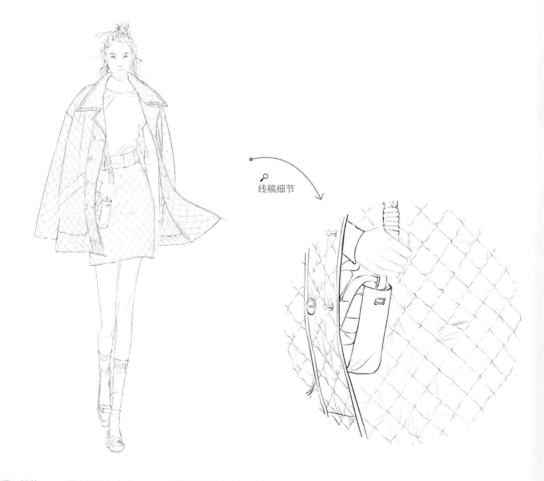

线稿细节

画笔工具

KYLE终极硬心铅笔	硬边圆压力大小	硬边圆压力不透明度	多边形套索工具

2.人体上色：新建图层，为人体部分上色。
画笔工具：硬边圆压力不透明度，硬边圆压力大小。

3.上衣铺色：使用多边形套索工具形成闭合区域，新建图层并填充前景色。执行滤镜-杂色-添加杂色。

面部细节

4.填充面料：新建10厘米×10厘米，72像素/厘米的文件，制作如下图的格纹面料，也可以自行设计其他图案。将面料移动到本文件中，创建剪贴蒙版填充，技法可参考108页填充外套条纹的内容。

5.打底衫的光泽效果：案例中的打底衫有着淡淡的光泽，可对打底衫图层进行复制(Ctrl+J)并填充白色，图层模式更改为溶解，不透明度调整为6%。

衣服细节

6.绘制明暗：新建暗部图层，图层混合模式更改为正片叠底，使用画笔工具绘制阴影部分。新建亮部图层，图层混合模式为正常，使用画笔工具绘制高光部分。

画笔工具：硬边圆压力不透明度。

7.外套铺色：使用多边形套索工具形成闭合区域，新建图层，填充前景色。

画笔工具

硬边圆压力不透明度　　　多边形套索工具

8. 绘制暗部：新建暗部图层，图层混合模式更改为正片叠底，使用画笔绘制阴影部分。用深色勾勒绗缝线有助于表现格子的立体感，暗部的颜色也有细微的变化。画笔工具：硬边圆压力不透明度。

9. 绘制亮部：新建亮部图层，图层混合模式为正常。使用画笔工具绘制高光部分，注意笔触的自然与过渡。画笔工具：硬边圆压力不透明度。

衣服细节

画笔工具

硬边圆压力不透明度　　　多边形套索工具

*10.*半裙铺色：使用多边形套索工具形成闭合区域，新建图层并填充前景色。

*11.*绘制半裙明暗：新建暗部图层，图层混合模式更改为正片叠底，使用画笔工具绘制阴影部分。新建亮部图层，图层混合模式为正常，使用画笔工具绘制高光部分。半裙的质感和外套一样，需要突出体积感。

画笔工具：硬边圆压力不透明度。

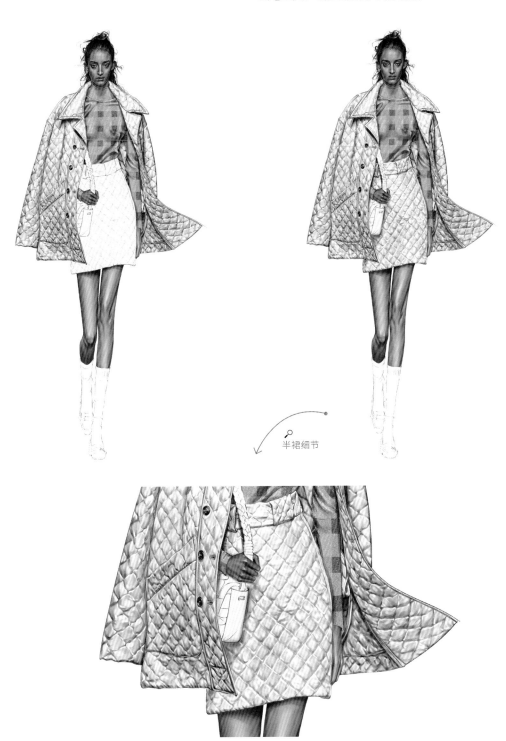

半裙细节

*12.*绘制皮包：使用画笔工具绘制皮包部分，先建立
铺色图层，然后分别建立暗部与亮部图层进行绘制。可
添加杂色增强质感。

画笔工具：硬边圆压力不透明度。

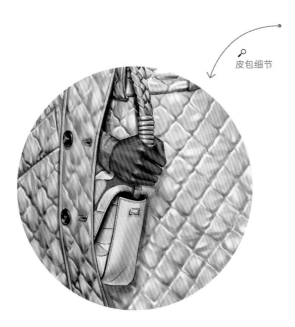

皮包细节

*13.*绘制鞋袜：用同样的方法完成鞋袜的绘制，在效
果上可根据讲述过的知识点发挥创作。

画笔工具：硬边圆压力不透明度。

鞋袜细节

*14.*绘制背景：背景无论繁简，起到衬托的作用即可。可用水彩笔刷发挥创作。

151

注：绗缝面料与羽绒面料类似，如何表现绗缝面料是很多插画师的疑问。其实并没有捷径，只能用画笔一点点地塑造明暗关系，才能将质感表现出来。本案例的打底衫部分是对条纹面料填充、闪光面料绘制技法的复习。

画笔工具

硬边圆压力不透明度

6.5.2 皮草外套款式的绘制

1. 绘制服装线稿：使用画笔工具绘制服装线稿，注意皮草线条的不同走向，下笔要轻盈有序。

画笔工具：KYLE终极硬心铅笔，硬边圆压力大小。

2. 人体上色：新建图层，为人体部分上色。模特的发型比较有特点，以区块分组，用明暗塑造体积感。

画笔工具：硬边圆压力不透明度，硬边圆压力大小。

面部细节

画笔工具

KYLE终极硬心铅笔   硬边圆压力大小

硬边圆压力不透明度   多边形套索工具

152

3. 绘制袖子：新建图层，用多边形套索工具做好选区后填充黑色。执行17页的滤镜效果，结合画笔工具绘制高光部分，注意亮片质感的表现。

袖子细节

4. 皮草笔刷应用：对于皮草材质的表现技法，主要是使用毛刷类画笔进行绘制。右侧是Photoshop自带的3款比较好用的笔刷，可以用来快速地绘制皮草，也可以下载其他毛刷类画笔。

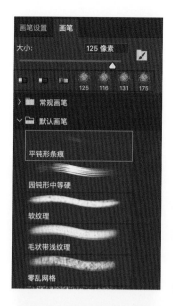

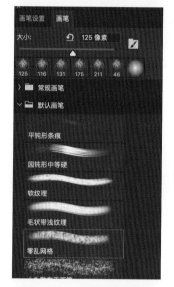

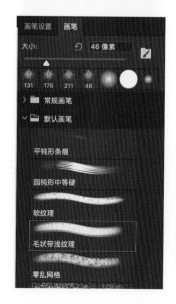

*5.*刻画细节: 新建图层, 使用画笔工具绘制皮草细节, 可以把皮草当作头发一样分组绘制。注意层次与色彩的变化。
画笔工具:硬边圆压力大小。

刻画细节

画笔工具

硬边圆压力大小

6. 绘制上衣的紫色皮草：使用毛刷类笔刷快速地给上衣紫色条纹的部分上色，在此基础上，再使用常规画笔工具进行细节刻画、明暗塑造等。需要较多的耐心来完成绘制，注意归纳与整理，切忌杂乱。

画笔工具：硬边圆压力大小和毛刷类画笔。

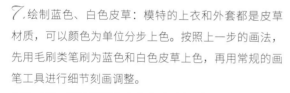

皮草细节

7. 绘制蓝色、白色皮草：模特的上衣和外套都是皮草材质，可以颜色为单位分步上色。按照上一步的画法，先用毛刷类笔刷为蓝色和白色皮草上色，再用常规的画笔工具进行细节刻画调整。

画笔工具：硬边圆压力大小和毛刷类画笔。

画笔工具

硬边圆压力大小 平钝形条痕

毛带状浅纹理 零乱网格

8.绘制黑色皮草：继续完成黑色皮草的绘制，耐心依然是不可或缺的。

画笔工具：硬边圆压力大小和毛刷类画笔。

9.绘制绿色皮草：使用毛刷类笔刷为绿色皮草上色。上衣和外套都是皮草，但是因为皮毛长度不同，质感也稍有不同。

画笔工具：硬边圆压力大小和毛刷类画笔。

皮草细节

*10.*绘制包包：包包的上色技法和衣服是一样的，选择合适的毛刷类笔刷给包包上色，再使用常规画笔工具刻画细节，画出大致的明暗关系。

画笔工具：硬边圆压力不透明度和毛刷类画笔。

*11.*刻画包包：继续用同样的方法刻画包包的亮部，靠前的部分用笔相对实一些。注意整体把控，归纳整理。

画笔工具：硬边圆压力不透明度和毛刷类画笔。

画笔工具

硬边圆压力不透明度

平钝形条痕

毛带状浅纹理

零乱网格

多边形套索工具

12. 裤子铺色：使用多边形套索工具形成闭合区域，
填充前景色。需要注意的是每一件衣服最好单独新建图
层，方便后期修改。

13. 绘制暗部：新建暗部图层，图层混合模式更改为
正片叠底，使用画笔工具绘制阴影部分。裤子上的褶皱
体现了面料的垂坠质感，注意暗部的色彩差别。
画笔工具：硬边圆压力不透明度。

*14.*绘制亮部：新建亮部图层，图层混合模式为正常，使用画笔工具绘制高光部分。多种笔刷相互结合以表现其最佳效果。

画笔工具：硬边圆压力不透明度，KYLE终极硬心铅笔。

*15.*绘制鞋子：使用画笔工具绘制鞋子部分，先建立铺色图层，然后分别建立暗部与亮部图层进行绘制刻画。光面皮鞋的高光较强，反光较重。

画笔工具：硬边圆压力不透明度。

裤子细节

鞋子细节

16.绘制背景：整体调整之后，用水彩画笔为作品添加背景和投影。

161

注：本案例与绗缝面料相似，都是通过画笔工具绘制明暗关系来完成的。但是如果用普通画笔工具绘制皮草服装会非常麻烦，所以本案例中介绍了3种毛刷类画笔工具，使用这些画笔工具可以快速绘制出皮草的效果，但也要注意细节的表现。

画笔工具

硬边圆压力不透明度　　　　KYLE终极硬心铅笔

精彩作品欣赏

164

171